普通高等教育"十三五"规划教材
公共基础课精品系列

经济数学基础学习辅导之二

总主编 朱弘毅

线性代数学习辅导

（第二版）

上海高校《经济数学基础学习辅导》编写组 编

立信会计出版社
LIXIN ACCOUNTING PUBLISHING HOUSE

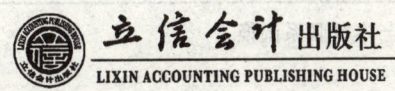

图书在版编目(CIP)数据

线性代数学习辅导 / 上海高校《经济数学基础》编写组编. —2 版. —上海：立信会计出版社，2017.11
普通高等教育“十三五”规划教材. 公共基础课精品系列
ISBN 978 - 7 - 5429 - 5577 - 7

Ⅰ. ①线… Ⅱ. ①上… Ⅲ. ①线性代数—高等学校—教学参考资料 Ⅳ. ①O151.2

中国版本图书馆 CIP 数据核字(2017)第 261788 号

策划编辑 蔡莉萍
责任编辑 蔡莉萍

线性代数学习辅导（第二版）

出版发行 立信会计出版社
地 址 上海市中山西路 2230 号 邮政编码 200235
电 话 (021)64411389 传 真 (021)64411325
网 址 www.lixinaph.com 电子邮箱 lxaph@sh163.net
网上书店 www.shlx.net 电 话 (021)64411071
经 销 各地新华书店

印 刷 上海肖华印务有限公司
开 本 710 毫米×960 毫米 1/16
印 张 10.25
字 数 184 千字
版 次 2017 年 11 月第 2 版
印 次 2017 年 11 月第 1 次
印 数 1—3100
书 号 ISBN 978 - 7 - 5429 - 5577 - 7/O
定 价 21.00 元

《经济数学基础学习辅导》编写组

总 主 编　朱弘毅（上海应用技术大学）

编　　委　（按姓氏笔画排列）

王洁明　车荣强　付春红　朱玉芳　朱建忠
朱弘毅　庄海根　许建强　孙海云　李潇潇
吴　珞　张　峰　张满生　罗　琳　罗　纯
周伟良　周家华　居环龙　查婷婷　赵斯泓
桂胜华　徐　洁　陈春宝　龚秀芳

第二册《线性代数学习辅导》（第二版）

主　编　车荣强　罗　琳　周伟良

副主编　吴　珞　桂胜华　徐　洁

第二版前言

《经济数学基础学习辅导》丛书，是与上海高校《经济数学基础》编写组编的《经济数基础》这套教材(立信会计出版社出版)配套的学习辅导书。丛书共分三册:《微积分学习辅导》《线性代数学习辅导》《概率论与数理统计学习辅导》。

《经济数学基础学习辅导》丛书共分三册，每册编写体制一致，每册书的最后一章为模拟试题及其解答，其余各章与相应的教材同步。每章由内容提要、例题分析、习题选解、测试题及其解答四节组成。本丛书旨在帮助、指导读者理解重要的概念、掌握运算方法、解答疑难问题，因此，例题、习题、测试题都是精心选编的，题型基本而又典型。测试题及模拟试题均有解答，供读者自查。编者相信，读者认真阅读本辅导书，必有收获。

《经济数学基础学习辅导》丛书由朱弘毅任总主编，参加编写的有(按姓氏笔画排列)王洁明、车荣强、付春红、朱玉芳、朱建忠、朱弘毅、庄海根、许建强、孙海云、李潇潇、吴珞、张峰、张满生、罗琳、罗纯、周伟良、周家华、居环龙、查婷婷、赵斯泓、桂胜华、徐洁、陈春宝、龚秀芳。本丛书的出版得到上海市教委高等教育办公室徐国良同志、立信会计出版社领导、蔡莉萍编辑的支持和帮助，在此一并表示衷心感谢。

限于编者的水平，书中不妥之处在所难免，恳请读者批评指正。

朱弘毅于香歌丽园

2017 年秋

目　录

第一章 行 列 式

第一节 内容提要

1. 行列式的概念

二阶行列式 $\begin{vmatrix} a_{11} & a_{12} \\ a_{21} & a_{22} \end{vmatrix} = a_{11}a_{22} - a_{12}a_{21}$

三阶行列式 $\begin{vmatrix} a_{11} & a_{12} & a_{13} \\ a_{21} & a_{22} & a_{23} \\ a_{31} & a_{32} & a_{33} \end{vmatrix}$

$$= a_{11}a_{22}a_{33} + a_{12}a_{23}a_{31} + a_{13}a_{21}a_{32} - a_{11}a_{23}a_{32} - a_{12}a_{21}a_{33} - a_{13}a_{22}a_{31}$$

二、三阶行列式的计算可按对角线法则进行，如下图 1－1 所示。三阶行列式等于其中三条实线连接的三个元素乘积之和减去三条虚线所连接的三个元素的乘积之和。

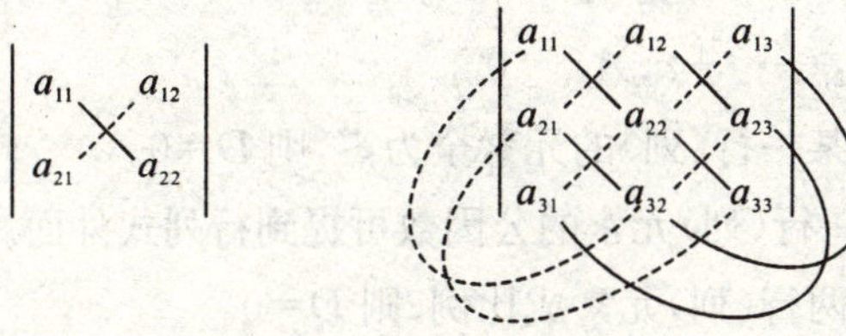

图 1-1 对角线法则

$$n \text{ 阶行列式} \begin{vmatrix} a_{11} & a_{12} & \cdots & a_{1n} \\ a_{21} & a_{22} & \cdots & a_{2n} \\ \cdots & \cdots & \cdots & \cdots \\ a_{n1} & a_{n2} & \cdots & a_{nn} \end{vmatrix} = a_{11}A_{11} + a_{12}A_{12} + \cdots + a_{1n}A_{1n}$$

其中 A_{ij} 是元素 a_{ij} 的代数余子式，$A_{ij}=(-1)^{i+j}M_{ij}$，M_{ij} 是 a_{ij} 的余子式。

$$M_{ij}=\begin{vmatrix} a_{11} & \cdots & a_{1,j-1} & a_{1,j+1} & \cdots & a_{1n} \\ \cdots & \cdots & \cdots & \cdots & \cdots & \cdots \\ a_{i-1,1} & \cdots & a_{i-1,j-1} & a_{i-1,j+1} & \cdots & a_{i-1,n} \\ a_{i+1,1} & \cdots & a_{i+1,j-1} & a_{i+1,j+1} & \cdots & a_{i+1,n} \\ \cdots & \cdots & \cdots & \cdots & \cdots & \cdots \\ a_{n1} & \cdots & a_{n,j-1} & a_{n,j+1} & \cdots & a_{nn} \end{vmatrix}$$

2. 行列式的性质

(1) $D=D^{\mathrm{T}}$。

(2) 交换行列式的两行(列)，行列式的值变号。

(3) 如果行列式 D 中有两行(列)的对应元素相等，则 $D=0$。

(4)

$$D=\begin{vmatrix} a_{11} & a_{12} & \cdots & a_{1n} \\ a_{21} & a_{22} & \cdots & a_{2n} \\ \cdots & \cdots & \cdots & \cdots \\ a_{n1} & a_{n2} & \cdots & a_{nn} \end{vmatrix}=a_{i1}A_{i1}+a_{i2}A_{i2}+\cdots+a_{in}A_{in}$$
(按第i行展开)

$$=a_{1j}A_{1j}+a_{2j}A_{2j}+\cdots+a_{nj}A_{nj}$$ (按第 j 列展开)
$(i,j=1,2,\cdots,n)$

(5) $a_{i1}A_{j1}+a_{i2}A_{j2}+\cdots+a_{in}A_{jn}=0(i,j=1,\ 2,\ \cdots,\ n,\ i\neq j)$

$a_{1i}A_{1j}+a_{2i}A_{2j}+\cdots+a_{ni}A_{nj}=0$。

(6) 行列式 D 的某一行(列)的元素全为零，则 $D=0$。

(7) 行列式的某一行(列)元素的公因数可提到行列式外面。

(8) 行列式 D 的两行(列)元素成比例，则 $D=0$。

(9) 行列式的某一行(列)的元素都是两数之和，则这个行列式等于两个行列式之和。

例如，

$$\begin{vmatrix} a_1 & a_2 & a_3 \\ b_1+c_1 & b_2+c_2 & b_3+c_3 \\ d_1 & d_2 & d_3 \end{vmatrix}=\begin{vmatrix} a_1 & a_2 & a_3 \\ b_1 & b_2 & b_3 \\ d_1 & d_2 & d_3 \end{vmatrix}+\begin{vmatrix} a_1 & a_2 & a_3 \\ c_1 & c_2 & c_3 \\ d_1 & d_2 & d_3 \end{vmatrix}$$

(10) 把行列式的第 i 行(列)的所有元素乘以数 k 后加在第 j 行(列)对应元素的位置上,则行列式的值不变。

例如,

$$\begin{vmatrix} a_1 & a_2 & a_3 \\ b_1 & b_2 & b_3 \\ c_1 & c_2 & c_3 \end{vmatrix} \xlongequal{r_3 + kr_2} \begin{vmatrix} a_1 & a_2 & a_3 \\ b_1 & b_2 & b_3 \\ kb_1 + c_1 & kb_2 + c_2 & kb_3 + c_3 \end{vmatrix}$$

3. 关于行列式的计算方法

计算行列式常用方法:

(1) 应用行列式性质(4),将 n 阶行列式按第 i 行(列)展开,化为 n 个$(n-1)$阶行列式计算。

(2) 应用行列式的性质,将行列式化为三角形行列式。

(3) 应用行列式的性质,将行列式的某一行(列)除一元素不等于零外,其余的元素均化为零,然后按这行(列)展开,化为低一阶行列式。

4. 克莱姆法则

线性方程组

$$\begin{cases} a_{11}x_1 + a_{12}x_2 + \cdots + a_{1n}x_n = b_1 \\ a_{21}x_1 + a_{22}x_2 + \cdots + a_{2n}x_n = b_2 \\ \cdots \quad \cdots \quad \cdots \quad \cdots \quad \cdots \\ a_{n1}x_1 + a_{n2}x_2 + \cdots + a_{nn}x_n = b_n \end{cases}$$

如果系数行列式 $D \neq 0$,则线性方程组有唯一解

$$x_1 = \frac{D_1}{D},\ x_2 = \frac{D_2}{D},\ \cdots,\ x_n = \frac{D_n}{D}$$

其中

$$D_j = \begin{vmatrix} a_{11} & \cdots & a_{1,j-1} & b_1 & a_{1,j+1} & \cdots & a_{1n} \\ a_{21} & \cdots & a_{2,j-1} & b_2 & a_{2,j+1} & \cdots & a_{2n} \\ \cdots & \cdots & \cdots & \cdots & \cdots & \cdots & \cdots \\ a_{n1} & \cdots & a_{n,j-1} & b_n & a_{n,j+1} & \cdots & a_{nn} \end{vmatrix} (j = 1, 2, \cdots, n)$$

特例,设 $b_1 = b_2 = \cdots = b_n = 0$,如果齐次线性方程组的系数行列式 $D \neq 0$,则齐次线性方程组只有零解。也即,如果齐次线性方程组有非零解,则 $D = 0$。

第二节　例题分析

【例 1】　计算行列式

$$\begin{vmatrix} 34\,215 & 35\,215 \\ 28\,092 & 29\,092 \end{vmatrix}。$$

分析　如果应用行列式定义计算则太繁。注意到第二列各元素与第一列元素的特征，则可应用行列式性质来计算。

解　
$$\begin{vmatrix} 34\,215 & 35\,215 \\ 28\,092 & 29\,092 \end{vmatrix} \xlongequal{c_2 - c_1} \begin{vmatrix} 34\,215 & 1\,000 \\ 28\,092 & 1\,000 \end{vmatrix}$$
$$= 10^3 \times \begin{vmatrix} 34\,215 & 1 \\ 28\,092 & 1 \end{vmatrix} = 10^3 \times (34\,215 - 28\,092)$$
$$= 6\,123\,000$$

【例 2】　设 $\begin{vmatrix} a_{11} & a_{12} & a_{13} \\ a_{21} & a_{22} & a_{23} \\ a_{31} & a_{32} & a_{33} \end{vmatrix} = 1$，求 $\begin{vmatrix} 6a_{11} & -2a_{12} & -10a_{13} \\ -3a_{21} & a_{22} & 5a_{23} \\ -3a_{31} & a_{32} & 5a_{33} \end{vmatrix}$。

分析　我们用行列式的性质来计算。

解　
$$\begin{vmatrix} 6a_{11} & -2a_{12} & -10a_{13} \\ -3a_{21} & a_{22} & 5a_{23} \\ -3a_{31} & a_{32} & 5a_{33} \end{vmatrix} = -2 \begin{vmatrix} -3a_{11} & a_{12} & 5a_{13} \\ -3a_{21} & a_{22} & 5a_{23} \\ -3a_{31} & a_{32} & 5a_{33} \end{vmatrix}$$
$$= -2 \times (-3) \times 5 \begin{vmatrix} a_{11} & a_{12} & a_{13} \\ a_{21} & a_{22} & a_{23} \\ a_{31} & a_{32} & a_{33} \end{vmatrix}$$
$$= 30 \times 1 = 30$$

【例 3】　讨论当 k 为何值时，

$$\begin{vmatrix} 1 & 1 & 0 & 0 \\ 1 & k & 1 & 0 \\ 0 & 0 & k & 2 \\ 0 & 0 & 2 & k \end{vmatrix} \neq 0。$$

分析 注意到第一列(行)的特点,我们应用行列式性质将第一列(行)元素除 $a_{11}=1$ 以外,其余元素均化为零。

解 $\begin{vmatrix}1&1&0&0\\1&k&1&0\\0&0&k&2\\0&0&2&k\end{vmatrix}\xlongequal{r_2-r_1}\begin{vmatrix}1&1&0&0\\0&k-1&1&0\\0&0&k&2\\0&0&2&k\end{vmatrix}$

$$\xlongequal{c(1)}\begin{vmatrix}k-1&1&0\\0&k&2\\0&2&k\end{vmatrix}=(k-1)\begin{vmatrix}k&2\\2&k\end{vmatrix}$$

$$=(k-1)(k^2-4)$$

所以,当 $k\neq1$ 且 $k\neq\pm2$ 时,该行列式 $\neq0$。

【例 4】 计算下列行列式

(1) $D=\begin{vmatrix}3&6&12\\2&-3&0\\5&1&2\end{vmatrix}$。 (2) $D=\begin{vmatrix}0&1&-1&3\\2&3&1&1\\3&2&5&9\\2&-1&5&-2\end{vmatrix}$。

分析 第(1)题先将第一行的公因子 3 提出来,然后应用性质将第 1 列除 a_{11} 外,其余元素化为零。第(2)题应用性质将第 1 行除 a_{12} 外,其余元素化为零。

解 (1) $D=3\begin{vmatrix}1&2&4\\2&-3&0\\5&1&2\end{vmatrix}\xlongequal[r_3-5r_1]{r_2-2r_1}3\begin{vmatrix}1&2&4\\0&-7&-8\\0&-9&-18\end{vmatrix}$

$$=27\begin{vmatrix}1&2&4\\0&7&8\\0&1&2\end{vmatrix}\xlongequal{c(1)}27\times(-1)^{1+1}\begin{vmatrix}7&8\\1&2\end{vmatrix}=162$$

(2) $D\xlongequal[c_4-3c_2]{c_3+c_2}\begin{vmatrix}0&1&0&0\\2&3&4&-8\\3&2&7&3\\2&-1&4&1\end{vmatrix}\xlongequal{r(1)}-\begin{vmatrix}2&4&-8\\3&7&3\\2&4&1\end{vmatrix}$

$$\xlongequal{r_3-r_1}-\begin{vmatrix}2&4&-8\\3&7&3\\0&0&9\end{vmatrix}\xlongequal{r(3)}-9\begin{vmatrix}2&4\\3&7\end{vmatrix}=-18$$

【例 5】 计算行列式

$$D=\begin{vmatrix} x & -1 & 0 & 0 \\ 0 & x & -1 & 0 \\ 0 & 0 & x & -1 \\ a_0 & a_1 & a_2 & a_3 \end{vmatrix}。$$

分析 可以按某行(列)展开来计算,也可以将第 1 列元素除 a_{41} 外,其余化为零来计算。

解法一 按第 1 列展开,得

$$D=x\begin{vmatrix} x & -1 & 0 \\ 0 & x & -1 \\ a_1 & a_2 & a_3 \end{vmatrix}-a_0\begin{vmatrix} -1 & 0 & 0 \\ x & -1 & 0 \\ 0 & x & -1 \end{vmatrix}$$

对上式右边第一个行列式再按第 1 列展开,得

$$\begin{aligned} D&=x\left(x\begin{vmatrix} x & -1 \\ a_2 & a_3 \end{vmatrix}+a_1\begin{vmatrix} -1 & 0 \\ x & -1 \end{vmatrix}\right)+a_0 \\ &=x[x(a_3x+a_2)+a_1]+a_0 \\ &=a_3x^3+a_2x^2+a_1x+a_0 \end{aligned}$$

解法二

$$D\xlongequal{c_1+xc_2+x^2c_3+x^3c_4}\begin{vmatrix} 0 & -1 & 0 & 0 \\ 0 & x & -1 & 0 \\ 0 & 0 & x & -1 \\ \sum\limits_{n=0}^{3}a_nx^n & a_1 & a_2 & a_3 \end{vmatrix}$$

$$\xlongequal{c(1)}\sum_{n=0}^{3}a_nx^n(-1)^{4+1}\begin{vmatrix} -1 & 0 & 0 \\ x & -1 & 0 \\ 0 & x & -1 \end{vmatrix}=a_3x^3+a_2x^2+a_1x+a_0$$

【例 6】 计算 n 阶行列式

$$D_n=\begin{vmatrix} b_1+a_1 & a_2 & a_3 & \cdots & a_n \\ a_1 & b_2+a_2 & a_3 & \cdots & a_n \\ a_1 & a_2 & b_3+a_3 & \cdots & a_n \\ \cdots & \cdots & \cdots & \cdots & \cdots \\ a_1 & a_2 & a_3 & \cdots & b_n+a_n \end{vmatrix}(b_1b_2\cdots b_n\neq 0)$$

分析 该行列式每一行除了一个元素不相同外，其余元素均相同。可以考虑采用“加边法”（给行列式添加特殊的一行和一列）求解。

解

$$D_n = G_{n+1} = \begin{vmatrix} 1 & a_1 & a_2 & a_3 & \cdots & a_n \\ 0 & b_1+a_1 & a_2 & a_3 & \cdots & a_n \\ 0 & a_1 & b_2+a_2 & a_3 & \cdots & a_n \\ 0 & a_1 & a_2 & b_3+a_3 & \cdots & a_n \\ \cdots & \cdots & \cdots & \cdots & \cdots & \cdots \\ 0 & a_1 & a_2 & a_3 & \cdots & b_n+a_n \end{vmatrix}$$

$$\xlongequal[\substack{r_3-r_1\\ r_4-r_1\\ \vdots\\ r_{n+1}-r_n}]{r_2-r_1} \begin{vmatrix} 1 & a_1 & a_2 & a_3 & \cdots & a_n \\ -1 & b_1 & 0 & 0 & \cdots & 0 \\ -1 & 0 & b_2 & 0 & \cdots & 0 \\ -1 & 0 & 0 & b_3 & \cdots & 0 \\ \cdots & \cdots & \cdots & \cdots & \cdots & \cdots \\ -1 & 0 & 0 & 0 & \cdots & b_n \end{vmatrix}$$

$$\xlongequal[i=2,\,3,\,\cdots,\,n+1]{c_1+\frac{1}{b_{i-1}}c_i} \begin{vmatrix} 1+\sum\limits_{i=1}^{n}\dfrac{a_i}{b_i} & a_1 & a_2 & a_3 & \cdots & a_n \\ 0 & b_1 & 0 & 0 & \cdots & 0 \\ 0 & 0 & b_2 & 0 & \cdots & 0 \\ 0 & 0 & 0 & b_3 & \cdots & 0 \\ \cdots & \cdots & \cdots & \cdots & \cdots & \cdots \\ 0 & 0 & 0 & 0 & \cdots & b_n \end{vmatrix}$$

$$= b_1 b_2 \cdots b_n \left(1+\sum_{i=1}^{n}\frac{a_i}{b_i}\right)$$

【例 7】 解线性方程组

$$\begin{cases} x_1 - x_2 + x_3 - 2x_4 = 2 \\ 2x_1 \quad\quad - x_3 + 4x_4 = 4 \\ 3x_1 + 2x_2 + x_3 \quad\quad = -1 \\ 4x_1 \quad\quad + 2x_3 - 2x_4 = 3 \end{cases}。$$

分析 应用克莱姆法则来解。

解 系数行列式

$$D=\begin{vmatrix}1&-1&1&-2\\2&0&-1&4\\3&2&1&0\\4&0&2&-2\end{vmatrix}=2\neq 0$$

又，$D_1=\begin{vmatrix}2&-1&1&-2\\4&0&-1&4\\-1&2&1&0\\3&0&2&-2\end{vmatrix}=2$，$D_2=\begin{vmatrix}1&2&1&-2\\2&4&-1&4\\3&-1&1&0\\4&3&2&-2\end{vmatrix}=-4$

$D_3=\begin{vmatrix}1&-1&2&-2\\2&0&4&4\\3&2&-1&0\\4&0&3&-2\end{vmatrix}=0$，$D_4=\begin{vmatrix}1&-1&1&2\\2&0&-1&4\\3&2&1&-1\\4&0&2&3\end{vmatrix}=1$

所以，线性方程组的解为

$$x_1=\frac{D_1}{D}=1,\quad x_2=\frac{D_2}{D}=-2,$$

$$x_3=\frac{D_3}{D}=0,\quad x_4=\frac{D_4}{D}=\frac{1}{2}$$

【例 8】 问 k 取何值时，齐次线性方程组

$$\begin{cases}kx_1+x_2+x_3=0\\x_1+kx_2-x_3=0\\2x_1-x_2+x_3=0\end{cases}$$

只有零解。

分析 齐次线性方程组的系数行列式 $D\neq 0$ 时，齐次方程只有零解。应用此结论来解。

解 $\boldsymbol{D}=\begin{vmatrix}k&1&1\\1&k&-1\\2&-1&1\end{vmatrix}=k^2-3k-4=(k-4)(k+1)\neq 0$

所以，当 $k\neq 4$，且 $k\neq -1$ 时，$D\neq 0$，则该齐次线性方程组只有零解。

注：如果将上述问题改为：如果齐次线性方程组有非零解，试问 k 取何值？则计算过程类似，由 $D=(k-4)(k+1)=0$，得 $k=4$ 或 $k=-1$。

第三节 习题选解

习 题 1-1

2. 计算行列式中元素 a_{13}，a_{32} 的代数余子式。

(2) $\begin{vmatrix} 1 & 2 & 0 \\ -3 & 4 & 1 \\ 4 & -2 & 5 \end{vmatrix}$

解 $M_{13}=\begin{vmatrix} -3 & 4 \\ 4 & -2 \end{vmatrix}=-10$，$M_{32}=\begin{vmatrix} 1 & 0 \\ -3 & 1 \end{vmatrix}=1$

得 $A_{13}=(-1)^{1+3}M_{13}=-10$，$A_{32}=(-1)^{3+2}M_{32}=-1$

3. 计算下列行列式

(2) $\begin{vmatrix} 1 & 1 & 1 \\ 3 & 1 & 4 \\ 8 & 9 & 5 \end{vmatrix}$. (6) $\begin{vmatrix} 0 & -1 & 0 & 3 \\ 2 & 0 & 1 & 1 \\ 0 & -1 & 4 & 0 \\ 2 & 1 & -1 & 2 \end{vmatrix}$ (8) $\begin{vmatrix} 1 & 2 & 3 & 4 \\ -1 & 0 & 1 & 2 \\ 1 & -1 & 1 & 0 \\ 1 & 0 & 1 & -1 \end{vmatrix}$

解 (2) $\begin{vmatrix} 1 & 1 & 1 \\ 3 & 1 & 4 \\ 8 & 9 & 5 \end{vmatrix}=1\times1\times5+1\times4\times8+3\times9\times1$

$-1\times1\times8-1\times3\times5-1\times4\times9=5$

(6) $D=(-1)\times(-1)^{1+2}\times\begin{vmatrix} 2 & 1 & 1 \\ 0 & 4 & 0 \\ 2 & -1 & 2 \end{vmatrix}+3\times(-1)^{1+4}\times\begin{vmatrix} 2 & 0 & 1 \\ 0 & -1 & 4 \\ 2 & 1 & -1 \end{vmatrix}$

$=16-8+(-3)(2-8+2)=20$

(8) $D=1\times(-1)^{1+1}\times\begin{vmatrix} 0 & 1 & 2 \\ -1 & 1 & 0 \\ 0 & 1 & -1 \end{vmatrix}+2\times(-1)^{1+2}\times1\begin{vmatrix} -1 & 1 & 2 \\ 1 & 1 & 0 \\ 1 & 1 & -1 \end{vmatrix}$

$$+3\times(-1)^{1+3}\times\begin{vmatrix}-1&0&2\\1&-1&0\\1&0&-1\end{vmatrix}+4\times(-1)^{1+4}\times\begin{vmatrix}-1&0&1\\1&-1&1\\1&0&1\end{vmatrix}$$

$$=-3+(-4)+3+(-8)=-12$$

4. 已知行列式

$$D=\begin{vmatrix}0&0&0&1\\0&0&a&0\\0&2&0&0\\3&0&0&a\end{vmatrix}=1,$$

求 D 中的元素 a 的值。

解 $D=A_{14}=-\begin{vmatrix}0&0&a\\0&2&0\\3&0&0\end{vmatrix}=6a=1$

得 $a=\dfrac{1}{6}$

习 题 1-2

2. 计算下列行列式。

(1) $\begin{vmatrix}1&2&3\\0&1&2\\1&1&1\end{vmatrix}$ (3) $\begin{vmatrix}x&y&x+y\\y&x+y&x\\x+y&x&y\end{vmatrix}$

(5) $\begin{vmatrix}1&2&3&4\\2&3&4&1\\3&4&1&2\\4&1&2&3\end{vmatrix}$ (8) $\begin{vmatrix}a+b&a&a&a\\a&a+c&a&a\\a&a&a+d&a\\a&a&a&a\end{vmatrix}$

解 (1) $\begin{vmatrix}1&2&3\\0&1&2\\1&1&1\end{vmatrix}\xlongequal{r_1-r_3}\begin{vmatrix}0&1&2\\0&1&2\\1&1&1\end{vmatrix}=0$

(3) $\begin{vmatrix}x&y&x+y\\y&x+y&x\\x+y&x&y\end{vmatrix}\xlongequal{c_1+c_2+c_3}\begin{vmatrix}2(x+y)&y&x+y\\2(x+y)&x+y&x\\2(x+y)&x&y\end{vmatrix}$

$$=2(x+y)\begin{vmatrix}1 & y & x+y\\1 & x+y & x\\1 & x & y\end{vmatrix}$$

$$\xlongequal[r_3-r_1]{r_2-r_1}2(x+y)\begin{vmatrix}1 & y & x+y\\0 & x & -y\\0 & x-y & -x\end{vmatrix}$$

$$\xlongequal{c(1)}2(x+y)\begin{vmatrix}x & -y\\x-y & -x\end{vmatrix}$$

$$=-2(x+y)(x^2-xy+y^2)=-2(x^3+y^3)$$

(5) $$\begin{vmatrix}1 & 2 & 3 & 4\\2 & 3 & 4 & 1\\3 & 4 & 1 & 2\\4 & 1 & 2 & 3\end{vmatrix}\xlongequal[i=2,3,4]{c_1+c_i}\begin{vmatrix}10 & 2 & 3 & 4\\10 & 3 & 4 & 1\\10 & 4 & 1 & 2\\10 & 1 & 2 & 3\end{vmatrix}$$

$$=10\begin{vmatrix}1 & 2 & 3 & 4\\1 & 3 & 4 & 1\\1 & 4 & 1 & 2\\1 & 1 & 2 & 3\end{vmatrix}\xlongequal[i=2,3,4]{r_i-r_1}10\begin{vmatrix}1 & 2 & 3 & 4\\0 & 1 & 1 & -3\\0 & 2 & -2 & -2\\0 & -1 & -1 & -1\end{vmatrix}$$

$$=10\times(-1)^{1+1}\begin{vmatrix}1 & 1 & -3\\2 & -2 & -2\\-1 & -1 & -1\end{vmatrix}$$

$$\xlongequal[r_2+2r_3]{r_1+r_3}10\begin{vmatrix}0 & 0 & -4\\0 & -4 & -4\\-1 & -1 & -1\end{vmatrix}=160$$

(8) $$\begin{vmatrix}a+b & a & a & a\\a & a+c & a & a\\a & a & a+d & a\\a & a & a & a\end{vmatrix}\xlongequal[\substack{r_2-r_4\\r_3-r_4}]{r_1-r_4}\begin{vmatrix}b & 0 & 0 & 0\\0 & c & 0 & 0\\0 & 0 & d & 0\\a & a & a & a\end{vmatrix}=abcd$$

3. 已知 $\begin{vmatrix}a_1 & a_2 & a_3\\b_1 & b_2 & b_3\\c_1 & c_2 & c_3\end{vmatrix}=5$，$D=\begin{vmatrix}a_2+a_3 & 3a_1+a_2 & a_1-4a_3\\b_2+b_3 & 3b_1+b_2 & b_1-4b_3\\c_2+c_3 & 3c_1+c_2 & c_1-4c_3\end{vmatrix}$，计算行列式$D$。

解 $D=\begin{vmatrix} a_2 & 3a_1+a_2 & a_1-4a_3 \\ b_2 & 3b_1+b_2 & b_1-4b_3 \\ c_2 & 3c_1+c_2 & c_1-4c_3 \end{vmatrix}+\begin{vmatrix} a_3 & 3a_1+a_2 & a_1-4a_3 \\ b_3 & 3b_1+b_2 & b_1-4b_3 \\ c_3 & 3c_1+c_2 & c_1-4b_3 \end{vmatrix}$

$=\begin{vmatrix} a_2 & 3a_1 & a_1-4a_3 \\ b_2 & 3b_1 & b_1-4b_3 \\ c_2 & 3c_1 & c_1-4c_3 \end{vmatrix}+\begin{vmatrix} a_3 & 3a_1+a_2 & a_1 \\ b_3 & 3b_1+b_2 & b_1 \\ c_3 & 3c_1+c_2 & c_1 \end{vmatrix}$

$=\begin{vmatrix} a_2 & 3a_1 & -4a_3 \\ b_2 & 3b_1 & -4b_3 \\ c_2 & 3c_1 & -4c_3 \end{vmatrix}+\begin{vmatrix} a_3 & a_2 & a_1 \\ b_3 & b_2 & b_1 \\ c_3 & c_2 & c_1 \end{vmatrix}$

$=-12\begin{vmatrix} a_2 & a_1 & a_3 \\ b_2 & b_1 & b_3 \\ c_2 & c_1 & c_3 \end{vmatrix}-\begin{vmatrix} a_1 & a_2 & a_3 \\ b_1 & b_2 & b_3 \\ c_1 & c_2 & c_3 \end{vmatrix}$

$=12\begin{vmatrix} a_1 & a_2 & a_3 \\ b_1 & b_2 & b_3 \\ c_1 & c_2 & c_3 \end{vmatrix}-\begin{vmatrix} a_1 & a_2 & a_3 \\ b_1 & b_2 & b_3 \\ c_1 & c_2 & c_3 \end{vmatrix}=55$

4. 计算行列式。

(1) $\begin{vmatrix} 0 & 1 & 0 & \cdots & 0 \\ 0 & 0 & 2 & \cdots & 0 \\ \cdots & \cdots & \cdots & \cdots & \cdots \\ 0 & 0 & 0 & \cdots & n-1 \\ n & 0 & 0 & \cdots & 0 \end{vmatrix}$ (2) $\begin{vmatrix} x & y & 0 & \cdots & 0 & 0 \\ 0 & x & y & \cdots & 0 & 0 \\ \cdots & \cdots & \cdots & \cdots & \cdots & \cdots \\ 0 & 0 & 0 & \cdots & x & y \\ y & 0 & 0 & \cdots & 0 & x \end{vmatrix}$

解 (1) $D\xlongequal{r(n)}n(-1)^{1+n}\begin{vmatrix} 1 & 0 & \cdots & 0 \\ 0 & 2 & \cdots & 0 \\ \cdots & \cdots & \cdots & \cdots \\ 0 & 0 & \cdots & n-1 \end{vmatrix}=n(-1)^{1+n}(n-1)!$

$=(-1)^{1+n}n!$

(2) $D\xlongequal{c(1)}x\begin{vmatrix} x & y & 0 & \cdots & 0 & 0 \\ 0 & x & y & \cdots & 0 & 0 \\ \cdots & \cdots & \cdots & \cdots & \cdots & \cdots \\ 0 & 0 & 0 & \cdots & x & y \\ 0 & 0 & 0 & \cdots & 0 & x \end{vmatrix}$

$$+y\cdot(-1)^{n+1}\begin{vmatrix} y & 0 & 0 & \cdots & 0 & 0 \\ x & y & 0 & \cdots & 0 & 0 \\ 0 & x & y & \cdots & 0 & 0 \\ \cdots & \cdots & \cdots & \cdots & \cdots & \cdots \\ 0 & 0 & 0 & \cdots & x & y \end{vmatrix}$$

$$=x\cdot x^{n-1}+y\cdot(-1)^{n+1}\cdot y^{n-1}=x^n+(-1)^{n+1}y^n$$

习 题 1-3

1. 用克莱姆法则解下列线性方程组。

(1) $\begin{cases} 3x_1+2x_2+2x_3=1 \\ x_1+x_2+2x_3=2 \\ x_1+x_2+x_3=3 \end{cases}$ (2) $\begin{cases} x_1-3x_2 \quad\quad -6x_4=9 \\ \quad 2x_2-x_3+2x_4=-5 \\ 2x_1+x_2-5x_3+x_4=8 \\ x_1+4x_2-7x_3+6x_4=0 \end{cases}$

解 (1) 系数行列式

$$D=\begin{vmatrix} 3 & 2 & 2 \\ 1 & 1 & 2 \\ 1 & 1 & 1 \end{vmatrix} \xlongequal[r_2-r_3]{r_1-2r_3} \begin{vmatrix} 1 & 0 & 0 \\ 0 & 0 & 1 \\ 1 & 1 & 1 \end{vmatrix} \xlongequal{r(1)} \begin{vmatrix} 0 & 1 \\ 1 & 1 \end{vmatrix}=-1$$

所以线性方程组有唯一解，又

$$D_1=\begin{vmatrix} 1 & 2 & 2 \\ 2 & 1 & 2 \\ 3 & 1 & 1 \end{vmatrix}=5,\ D_2=\begin{vmatrix} 3 & 1 & 2 \\ 1 & 2 & 2 \\ 1 & 3 & 1 \end{vmatrix}=-9,\ D_3=\begin{vmatrix} 3 & 2 & 1 \\ 1 & 1 & 2 \\ 1 & 1 & 3 \end{vmatrix}=1$$

所以线性方程组的解是

$$x_1=\frac{D_1}{D}=-5,\quad x_2=\frac{D_2}{D}=9,\quad x_3=\frac{D_3}{D}=-1$$

(2) 系数行列式

$$D=\begin{vmatrix} 1 & -3 & 0 & -6 \\ 0 & 2 & -1 & 2 \\ 2 & 1 & -5 & 1 \\ 1 & 4 & -7 & 6 \end{vmatrix} \xlongequal[r_3-2r_1]{r_4-r_1} \begin{vmatrix} 1 & -3 & 0 & -6 \\ 0 & 2 & -1 & 2 \\ 0 & 7 & -5 & 13 \\ 0 & 7 & -7 & 12 \end{vmatrix}$$

$$\overset{c(1)}{=\!=\!=} (-1)^{1+1}\begin{vmatrix} 2 & -1 & 2 \\ 7 & -5 & 13 \\ 7 & -7 & 12 \end{vmatrix} \overset{c_1+2c_2}{\underset{c_3+2c_2}{=\!=\!=\!=}} \begin{vmatrix} 0 & -1 & 0 \\ -3 & -5 & 3 \\ -7 & -7 & -2 \end{vmatrix}$$

$$\overset{r(1)}{=\!=\!=} (-1)\times(-1)^{1+2}\begin{vmatrix} -3 & 3 \\ -7 & -2 \end{vmatrix} = 27$$

所以线性方程组有唯一解,又

$$D_1 = \begin{vmatrix} 9 & -3 & 0 & -6 \\ -5 & 2 & -1 & 2 \\ 8 & 1 & -5 & 1 \\ 0 & 4 & -7 & 6 \end{vmatrix} = 81,\ D_2 = \begin{vmatrix} 1 & 9 & 0 & -6 \\ 0 & -5 & -1 & 2 \\ 2 & 8 & -5 & 1 \\ 1 & 0 & -7 & 6 \end{vmatrix} = -108$$

$$D_3 = \begin{vmatrix} 1 & -3 & 9 & -6 \\ 0 & 2 & -5 & 2 \\ 2 & 1 & 8 & 1 \\ 1 & 4 & 0 & 6 \end{vmatrix} = -27,\ D_4 = \begin{vmatrix} 1 & -3 & 0 & 9 \\ 0 & 2 & -1 & -5 \\ 2 & 1 & -5 & 8 \\ 1 & 4 & -7 & 0 \end{vmatrix} = 27$$

所以线性方程组的解是

$$x_1 = \frac{D_1}{D} = 3,\quad x_2 = \frac{D_2}{D} = -4,$$

$$x_3 = \frac{D_3}{D} = -1,\quad x_4 = \frac{D_4}{D} = 1$$

3. 求一个二次多项式 $f(x)$,使

$$f(-1) = 6,\ f(1) = 0,\ f(2) = 3。$$

解 设 $f(x)=ax^2+bx+c$,根据题意,得

$$\begin{cases} f(-1) = a - b + c = 6 \\ f(1) = a + b + c = 0 \\ f(2) = 4a + 2b + c = 3 \end{cases}$$

又 $$D = \begin{vmatrix} 1 & -1 & 1 \\ 1 & 1 & 1 \\ 4 & 2 & 1 \end{vmatrix} = -6,\quad D_1 = \begin{vmatrix} 6 & -1 & 1 \\ 0 & 1 & 1 \\ 3 & 2 & 1 \end{vmatrix} = -12$$

$$D_2 = \begin{vmatrix} 1 & 6 & 1 \\ 1 & 0 & 1 \\ 4 & 3 & 1 \end{vmatrix} = 18,\quad D_3 = \begin{vmatrix} 1 & -1 & 6 \\ 1 & 1 & 0 \\ 4 & 2 & 3 \end{vmatrix} = -6$$

由克莱姆法则，得

$$a=\frac{D_1}{D}=2,\quad b=\frac{D_2}{D}=-3,\quad c=\frac{D_3}{D}=1$$

所求二次多项式为 $f(x)=2x^2-3x+1$。

复习题一

4. 计算下列行列式。

(2) $D=\begin{vmatrix}1&1&1\\a&b&c\\a^2-bc&b^2-ac&c^2-ab\end{vmatrix}$，(4) $D=\begin{vmatrix}3&1&-1&2\\-5&1&3&-4\\2&0&1&-1\\1&-5&3&-3\end{vmatrix}$，

(6) $D=\begin{vmatrix}a&b&\cdots&b\\b&a&\cdots&b\\\cdots&\cdots&\cdots&\cdots\\b&b&\cdots&a\end{vmatrix}$

解 (2) $D\xlongequal[c_3-c_1]{c_2-c_1}\begin{vmatrix}1&0&0\\a&b-a&c-a\\a^2-bc&b^2-a^2+bc-ac&c^2-a^2+bc-ab\end{vmatrix}$

$$\xlongequal{r(1)}\begin{vmatrix}b-a&c-a\\(b-a)(a+b+c)&(c-a)(a+b+c)\end{vmatrix}$$

$$=(b-a)(c-a)\begin{vmatrix}1&1\\a+b+c&a+b+c\end{vmatrix}=0$$

(4) $D\xlongequal{c_1\leftrightarrow c_2}-\begin{vmatrix}1&3&-1&2\\1&-5&3&-4\\0&2&1&-1\\-5&1&3&-3\end{vmatrix}\xlongequal[r_4+5r_1]{r_2-r_1}-\begin{vmatrix}1&3&-1&2\\0&-8&4&-6\\0&2&1&-1\\0&16&-2&7\end{vmatrix}$

$$\xlongequal{r_2\leftrightarrow r_3}\begin{vmatrix}1&3&-1&2\\0&2&1&-1\\0&-8&4&-6\\0&16&-2&7\end{vmatrix}\xlongequal[r_4-8r_2]{r_3+4r_2}\begin{vmatrix}1&3&-1&2\\0&2&1&-1\\0&0&8&-10\\0&0&-10&15\end{vmatrix}$$

$$\xlongequal{r_4+\frac{5}{4}r_3}\begin{vmatrix}1 & 3 & -1 & 2\\0 & 2 & 1 & -1\\0 & 0 & 8 & -10\\0 & 0 & 0 & \frac{5}{2}\end{vmatrix}=40$$

(6) $D\xlongequal[i=2,\cdots,n]{c_1+c_i}\begin{vmatrix}a+(n-1)b & b & \cdots & b\\a+(n-1)b & a & \cdots & b\\\cdots & \cdots & \cdots & \cdots\\a+(n-1)b & b & \cdots & a\end{vmatrix}$

$$=[a+(n-1)b]\begin{vmatrix}1 & b & \cdots & b\\1 & a & \cdots & b\\\cdots & \cdots & \cdots & \cdots\\1 & b & \cdots & a\end{vmatrix}$$

$$\xlongequal[i=2,\cdots,n]{r_i-r_1}[a+(n-1)b]\begin{vmatrix}1 & b & \cdots & b\\0 & a-b & \cdots & 0\\\cdots & \cdots & \cdots & \cdots\\0 & 0 & \cdots & a-b\end{vmatrix}$$

$$\xlongequal{c(1)}[a+(n-1)b](a-b)^{n-1}$$

注:该题有多种解法,还有如下几种方法:

① 将第 1 行乘以数“-1”加于其余行,再将第 2, 3, …, n 列加个第 1 列。

② 将行列式增加 1 行 1 列,使

$$D=\begin{vmatrix}1 & b & b & \cdots & b\\0 & a & b & \cdots & b\\0 & b & a & \cdots & b\\\cdots & \cdots & \cdots & \cdots & \cdots\\0 & b & b & \cdots & a\end{vmatrix}$$

然后,用第 1 行的(-1)倍分别加于其余各行,再计算。

5. 用克莱姆法则解下列线性方程组。

(2) $\begin{cases} x_1+x_2+x_3+x_4=5 \\ x_1+2x_2-x_3+4x_4=-2 \\ 2x_1-3x_2-x_3-5x_4=-2 \\ 3x_1+x_2+2x_3+11x_4=0 \end{cases}$

解 系数行列式为

$$D=\begin{vmatrix} 1 & 1 & 1 & 1 \\ 1 & 2 & -1 & 4 \\ 2 & -3 & -1 & -5 \\ 3 & 1 & 2 & 11 \end{vmatrix}=-142\neq 0$$

所以线性方程组有唯一解，又

$$D_1=\begin{vmatrix} 5 & 1 & 1 & 1 \\ -2 & 2 & -1 & 4 \\ -2 & 3 & -1 & -5 \\ 0 & 1 & 2 & 11 \end{vmatrix}=-142$$

$$D_2=\begin{vmatrix} 1 & 5 & 1 & 1 \\ 1 & -2 & -1 & 4 \\ 2 & -2 & -1 & -5 \\ 3 & 0 & 2 & 11 \end{vmatrix}=-284$$

$$D_3=\begin{vmatrix} 1 & 1 & 5 & 1 \\ 1 & 2 & -2 & 4 \\ 2 & -3 & -2 & -5 \\ 3 & 1 & 0 & 11 \end{vmatrix}=-426$$

$$D_4=\begin{vmatrix} 1 & 1 & 1 & 5 \\ 1 & 2 & -1 & -2 \\ 2 & -3 & -1 & -2 \\ 3 & 1 & 2 & 0 \end{vmatrix}=142$$

所以线性方程组的解是

$$x_1=\frac{D_1}{D}=1,\ x_2=\frac{D_2}{D}=2,\ x_3=\frac{D}{D}=3,\ x_4=\frac{D_4}{D}=-1$$

6. λ 取何值时，齐次线性方程组

$$\begin{cases}\lambda x_1+x_2+x_3=0\\ x_1+\lambda x_2+x_3=0\\ x_1+x_2+x_3=0\end{cases}$$

只有零解?

解 系数行列式为

$$D=\begin{vmatrix}\lambda & 1 & 1\\ 1 & \lambda & 1\\ 1 & 1 & 1\end{vmatrix}\xlongequal[r_2-r_3]{r_1-r_3}\begin{vmatrix}\lambda-1 & 0 & 0\\ 0 & \lambda-1 & 0\\ 1 & 1 & 1\end{vmatrix}=(\lambda-1)^2$$

当 $D\neq0$,即 $\lambda\neq1$ 时,齐次线性方程组只有零解。

第四节　测试题及其解答

一、测 试 题

(一) A　　卷

1. 选择题。

(1) 行列式 $\begin{vmatrix}a_{11} & a_{12} & a_{13}\\ a_{21} & a_{22} & a_{23}\\ a_{31} & a_{32} & a_{33}\end{vmatrix}$ 的元素 a_{23} 的代数余子式是(　　)。

A. $a_{23}(-1)^{2+3}\begin{vmatrix}a_{11} & a_{12}\\ a_{31} & a_{32}\end{vmatrix}$　　B. $(-1)^{2+3}A_{23}$

C. $a_{23}\begin{vmatrix}a_{11} & a_{12}\\ a_{31} & a_{32}\end{vmatrix}$　　D. $(-1)^{2+3}\begin{vmatrix}a_{11} & a_{12}\\ a_{31} & a_{32}\end{vmatrix}$

(2) 已知 $f(x)=\begin{vmatrix}1 & 1 & 1 & 1\\ 1 & 1 & -1 & -1\\ 1 & -1 & 1 & -1\\ x & -1 & -1 & 1\end{vmatrix}$,则使 $f(x)=0$ 的根是(　　)。

A. 0　　B. -1

C. -2　　D. -3

2. 填空题。

(1) 四阶行列式 $D_1=8$,将 D_1 的第 4 行元素均乘以 -2,加到第 1 行对应的元素上,得新行列式 $D_2=$________。

(2) 如果 $D=\begin{vmatrix} a_{11} & a_{12} & a_{13} \\ a_{21} & a_{22} & a_{23} \\ a_{31} & a_{32} & a_{33} \end{vmatrix}=M\neq 0$,则 $\begin{vmatrix} 2a_{11} & 2a_{12} & 2a_{13} \\ 2a_{31} & 2a_{32} & 2a_{33} \\ 2a_{21} & 2a_{22} & 2a_{23} \end{vmatrix}=$________。

3. 计算下列行列式。

(1) $\begin{vmatrix} 1 & 1 & 1 \\ 3 & 1 & 4 \\ 8 & 9 & 5 \end{vmatrix}$ (2) $\begin{vmatrix} a & a & a & a \\ -a & a & a & a \\ -a & -a & a & a \\ -a & -a & -a & a \end{vmatrix}$

(3) $D=\begin{vmatrix} 1 & a_1 & a_2 & \cdots & a_n \\ 1 & a_1+b_1 & a_2 & \cdots & a_n \\ 1 & a_1 & a_2+b_2 & \cdots & a_n \\ \cdots & \cdots & \cdots & \cdots & \cdots \\ 1 & a_1 & a_2 & \cdots & a_n+b_n \end{vmatrix}$

4. 用克莱姆法则解如下列线性方程组。

$$\begin{cases} x_1-2x_2+x_3=-2 \\ -3x_1+x_2+2x_3=1 \\ x_1-x_2+x_3=0 \end{cases}$$

5. 如果齐次线性方程组

$$\begin{cases} x_1+x_2+kx_3=0 \\ -x_1+kx_2+x_3=0 \\ x_1-x_2+2x_3=0 \end{cases}$$

有非零解,试问 k 取何值?

(二) B 卷

1. 选择题。

(1) 下列 $n(n>2)$ 阶行列式的值必为零的有( )。

A. 行列式主对角线上的元素全为零

B. 三角形行列式主对角线上有一个元素为零

C. 行列式零元素的个数多于 n 个

D. 行列式非零元素的个数小于 n 个

(2) 与行列式 $\begin{vmatrix} a & x & u \\ b & y & v \\ c & z & w \end{vmatrix}$ 相等的是(　　)。

A. $\begin{vmatrix} a & b & c \\ x & y & z \\ u & v & w \end{vmatrix}$　　　B. $\begin{vmatrix} a & u & x \\ b & v & y \\ c & w & z \end{vmatrix}$

C. $\begin{vmatrix} a & -x & u \\ b & -y & v \\ c & -z & w \end{vmatrix}$　　　D. $\begin{vmatrix} a-x & x & u \\ b+y & y & v \\ c-z & z & w \end{vmatrix}$

2. 填空题。

(1) 四阶行列式第三行的元素分别是 -6, 7, 4, 4,第 4 行元素的余子式分别为 1, 2, 10, x,则 $x=$________。

(2) 已知行列式 $D=\begin{vmatrix} -1 & 0 & x & 1 \\ 1 & 1 & -1 & -1 \\ 1 & -1 & 1 & -1 \\ 1 & -1 & -1 & 1 \end{vmatrix}$,则 D 中 x 的系数是________。

3. 计算下列行列式。

(1) $\begin{vmatrix} 1 & 2 & 3 \\ 0 & 1 & 2 \\ 1 & 1 & 1 \end{vmatrix}$　　　(2) $\begin{vmatrix} a+b+2c & a & b \\ c & b+c+2a & b \\ c & a & a+c+2b \end{vmatrix}$

(3) $\begin{vmatrix} 1 & 2 & 3 & \cdots & n-1 & n \\ -1 & 0 & 3 & \cdots & n-1 & n \\ -1 & -2 & 0 & \cdots & n-1 & n \\ \cdots & \cdots & \cdots & \cdots & \cdots & \cdots \\ -1 & -2 & -3 & \cdots & 0 & n \\ -1 & -2 & -3 & \cdots & -(n-1) & 0 \end{vmatrix}$

4. 某储蓄所开办三种定期储蓄,前 3 个月储蓄额及应付的利息额如表 1 所示。

前3个月的储蓄额及应付的利息额

储蓄额（万元）种类 / 月份	A	B	C	应付利息额（万元）
1	200	100	400	4.95
2	300	300	500	7.71
3	300	200	400	6.27

试求三种储蓄的月利率各是多少？

5. 判断齐次线性方程组

$$\begin{cases}2x_1+2x_2-x_3=0\\ x_1-4x_2+4x_3=0\\ 3x_1+7x_2-2x_3=0\end{cases}$$

是否仅有零解。

二、测试题解答

(一) A卷解答

1. 单项选择题。

(1)	(3)
D	D

(2) **解** 因为 $f(x)\xlongequal[i=2,3,4]{c_i-c_1}\begin{vmatrix}1 & 0 & 0 & 0\\ 1 & 0 & -2 & -2\\ 1 & -2 & 0 & -2\\ x & -1-x & -1-x & 1-x\end{vmatrix}$

$$=\begin{vmatrix}0 & -2 & -2\\ -2 & 0 & -2\\ -1-x & -1-x & 1-x\end{vmatrix}$$

$$=4\begin{vmatrix}0 & 1 & 1\\ 1 & 0 & 1\\ -1-x & -1-x & 1-x\end{vmatrix}$$

$$\xlongequal[c_3-c_1]{c_2-c_1} 4\begin{vmatrix} 0 & 1 & 1 \\ 1 & -1 & 0 \\ -1-x & 0 & 2 \end{vmatrix}$$

$$\xlongequal{c_3-c_2} 4\begin{vmatrix} 0 & 1 & 0 \\ 1 & -1 & 1 \\ -1-x & 0 & 2 \end{vmatrix} = -4(3+x)=0$$

所以 $x=-3$,故选择 D。

2. 填空题。

(1) 8　　　　(2) $-8M$

3. **解**　(1) $\begin{vmatrix} 1 & 1 & 1 \\ 3 & 1 & 4 \\ 8 & 9 & 5 \end{vmatrix} \xlongequal[c_3-c_1]{c_2-c_1} \begin{vmatrix} 1 & 0 & 0 \\ 3 & -2 & 1 \\ 8 & 1 & -3 \end{vmatrix} = 5$

(2) $\begin{vmatrix} a & a & a & a \\ -a & a & a & a \\ -a & -a & a & a \\ -a & -a & -a & a \end{vmatrix} \xlongequal[i=2,3,4]{r_i+r_1} \begin{vmatrix} a & a & a & a \\ 0 & 2a & 2a & 2a \\ 0 & 0 & 2a & 2a \\ 0 & 0 & 0 & 2a \end{vmatrix} = 8a^4$

(3) $D \xlongequal[i=2,3,\cdots,n+1]{c_i-a_{i-1}c_1} \begin{vmatrix} 1 & 0 & 0 & \cdots & 0 \\ 1 & b_1 & 0 & \cdots & 0 \\ 1 & 0 & b_2 & \cdots & 0 \\ \cdots & \cdots & \cdots & \cdots & \cdots \\ 1 & 0 & 0 & \cdots & b_n \end{vmatrix} = b_1 b_2 \cdots b_n$

4. **解**

$$D=\begin{vmatrix} 1 & -2 & 1 \\ -3 & 1 & 2 \\ 1 & -1 & 1 \end{vmatrix}=-5,\ D_1=\begin{vmatrix} -2 & -2 & 1 \\ 1 & 1 & 2 \\ 0 & -1 & 1 \end{vmatrix}=-5$$

$$D_2=\begin{vmatrix} 1 & -2 & 1 \\ -3 & 1 & 2 \\ 1 & 0 & 1 \end{vmatrix}=-10,\ D_3=\begin{vmatrix} 1 & -2 & -2 \\ -3 & 1 & 1 \\ 1 & -1 & 0 \end{vmatrix}=-5$$

所以线性方程组的解为

$$x_1=\frac{D_1}{D}=1,\quad x_2=\frac{D_2}{D}=2,\quad x_3=\frac{D_3}{D}=1$$

5. **解** 齐次线性方程组的系数行列式为

$$D=\begin{vmatrix}1 & 1 & k\\ -1 & k & 1\\ 1 & -1 & 2\end{vmatrix}\xlongequal[r_3-r_1]{r_2+r_1}\begin{vmatrix}1 & 1 & k\\ 0 & k+1 & k+1\\ 0 & -2 & 2-k\end{vmatrix}$$

$$=\begin{vmatrix}k+1 & k+1\\ -2 & 2-k\end{vmatrix}=(k+1)\begin{vmatrix}1 & 1\\ 2 & k-2\end{vmatrix}=(k+1)(k-4)$$

因为齐次线性方程组有非零解，所以 $D=0$，故 $k=-1$ 或 $k=4$。

(二) B 卷解答

1. 单项选择题。

(1)	(2)
B	A

2. 填空题。

(1) 第 4 行的代数余子式为

$$A_{41}=-1,\quad A_{42}=2,\quad A_{43}=-10,\quad A_{44}=x$$

所以

$$-6A_{41}+7A_{42}+4A_{43}+4A_{43}=6+14-40+4x=0,$$

得 $x=5$

(2) $D=-A_{11}+0\times A_{12}+xA_{13}+A_{14}$，所以 x 的系数为

$$A_{13}=\begin{vmatrix}1 & 1 & -1\\ 1 & -1 & -1\\ 1 & -1 & 1\end{vmatrix}\xlongequal{c_2+c_1}\begin{vmatrix}1 & 2 & -1\\ 1 & 0 & -1\\ 1 & 0 & 1\end{vmatrix}=-4$$

3. **解** (1) $\begin{vmatrix}1 & 2 & 3\\ 0 & 1 & 2\\ 1 & 1 & 1\end{vmatrix}\xlongequal{r_1-r_3}\begin{vmatrix}0 & 1 & 2\\ 0 & 1 & 2\\ 1 & 1 & 1\end{vmatrix}=0$

(2) $D\xlongequal[c_1+c_3]{c_1+c_2}2(a+b+c)\begin{vmatrix}1 & a & b\\ 1 & b+c+2a & b\\ 1 & a & a+c+2b\end{vmatrix}$

$$\xlongequal[r_3-r_1]{r_2-r_1}2(a+b+c)\begin{vmatrix}1 & a & b\\ 0 & a+b+c & 0\\ 0 & 0 & a+b+c\end{vmatrix}=2(a+b+c)^3$$

(3) $D \xlongequal[i=2,3,\cdots,n]{r_i+r_1} \begin{vmatrix} 1 & 2 & 3 & \cdots & n-1 & n \\ 0 & 2 & 2\times 3 & \cdots & 2(n-1) & 2n \\ 0 & 0 & 3 & \cdots & 2(n-1) & 2n \\ \cdots & \cdots & \cdots & \cdots & \cdots & \cdots \\ 0 & 0 & 0 & \cdots & n-1 & 2n \\ 0 & 0 & 0 & \cdots & 0 & n \end{vmatrix} = n!$

4. **解** 设 x_1、x_2、x_3 分别为储蓄种类 A, B, C 的月利率，则根据已知条件得

$$\begin{cases} 200x_1+100x_2+400x_3=4.95 \\ 300x_1+300x_2+500x_3=7.71 \\ 300x_1+200x_2+400x_3=6.27 \end{cases}$$

$$D=\begin{vmatrix} 200 & 100 & 400 \\ 300 & 300 & 500 \\ 300 & 200 & 400 \end{vmatrix}=-5\times 10^6$$

$$D_1=\begin{vmatrix} 4.95 & 100 & 400 \\ 7.71 & 300 & 500 \\ 6.27 & 200 & 400 \end{vmatrix}=-3.15\times 10^4$$

$$D_2=\begin{vmatrix} 200 & 4.95 & 400 \\ 300 & 7.71 & 500 \\ 300 & 6.27 & 400 \end{vmatrix}=-3.45\times 10^4,$$

$$D_3=\begin{vmatrix} 200 & 100 & 4.95 \\ 300 & 300 & 7.71 \\ 300 & 200 & 6.27 \end{vmatrix}=-3.75\times 10^4$$

由克莱姆法则得 $x_1=0.0063$，$x_2=0.0069$，$x_3=0.0075$。

5. **解** 因为系数行列式

$$D=\begin{vmatrix} 2 & 2 & -1 \\ 1 & -4 & 4 \\ 3 & 7 & -2 \end{vmatrix}=-31\neq 0$$

所以齐次线性方程组仅有零解。

第二章　矩　阵

第一节　内 容 提 要

1. 矩阵的概念

由 $m\times n$ 个数 a_{ij} ($a_{ij}\in\boldsymbol{R}$)($i=1, 2, \cdots, m$; $j=1, 2, \cdots, n$)排成的 m 行、n 列的矩形数表

$$\begin{pmatrix} a_{11} & a_{12} & \cdots & a_{1n} \\ a_{21} & a_{22} & \cdots & a_{2n} \\ \cdots & \cdots & \cdots & \cdots \\ a_{m1} & a_{m2} & \cdots & a_{mn} \end{pmatrix}$$

称为 $m\times n$ 矩阵，简称矩阵，简记为 $(a_{ij})_{m\times n}$，其中 a_{ij} 被称为矩阵的第 i 行第 j 列的元素。矩阵一般用大写字母 $\boldsymbol{A}$, $\boldsymbol{B}$, $\boldsymbol{C}$, …表示。

特殊矩阵：

所有元素都是数 0 的矩阵称为**零矩阵**，记为 $\boldsymbol{O}$。

$1\times n$ 矩阵称为**行矩阵**或 n 维行向量；$m\times 1$ 矩阵称为**列矩阵**或 m 维列向量。

$n\times n$ 矩阵称为 **n 阶方阵**。在方阵中，除主对角线外的元素都是零的矩阵称为**对角阵**；主对角线上的元素全是 1 的对角阵称为**单位阵**，记为 E。

2. 矩阵的相等

如果 $\boldsymbol{A}=(a_{ij})_{m\times n}$ 和 $\boldsymbol{B}=(b_{ij})_{m\times n}$ 都是 $m\times n$ 矩阵，且它们的对应元素全相等，即

$$a_{ij}=b_{ij}(i=1, 2, \cdots, m; j=1, 2, \cdots, n)$$

则称矩阵 $\boldsymbol{A}$ 与矩阵 $\boldsymbol{B}$ 相等，记作 $\boldsymbol{A}=\boldsymbol{B}$。

3. 矩阵的运算

(1) 矩阵的加法。

$$(a_{ij})_{m\times n}+(b_{ij})_{m\times n}=(a_{ij}+b_{ij})_{m\times n}$$

(2) 矩阵的数乘。

$$k(a_{ij})_{m\times n}=(ka_{ij})_{m\times n}$$

(3) 矩阵的乘法。

设矩阵 $\boldsymbol{A}=(a_{ij})_{m\times n}$，$\boldsymbol{B}=(b_{ij})_{s\times n}$

则 $\boldsymbol{AB}=(a_{ij})_{m\times s}\cdot(b_{ij})_{s\times n}=(c_{ij})_{m\times n}=\boldsymbol{C}$

其中 $c_{ij}=a_{i1}b_{1j}+a_{i2}b_{2j}+\cdots+a_{is}b_{sj}$，$(i=1, 2, \cdots, m; j=1, 2, \cdots, n)$

(4) 矩阵的转置。

将矩阵$\boldsymbol{A}$的行换成同序数的列，所得到的$n\times m$矩阵，称为矩阵$\boldsymbol{A}$的转置矩阵，记为A^{T}。

(5) 方阵的幂。

$$A^k=\underbrace{A\cdot A\cdot\cdots\cdot A}_{k\text{个}A}(k\text{ 为正整数})$$

规定$A^1=A$，$A^0=E$。

(6) 方阵的行列式。

由 n 阶方阵 $\boldsymbol{A}$ 的元素构成的行列式(各元素的相对位置不变)称为方阵 $\boldsymbol{A}$ 的行列式，记为$|\boldsymbol{A}|$。

4. 矩阵的运算性质

(以下各式中，$\boldsymbol{A}$，$\boldsymbol{B}$，$\boldsymbol{C}$ 是矩阵，k，l 为常数，且假设运算都可进行)

$$\boldsymbol{A}+\boldsymbol{B}=\boldsymbol{B}+\boldsymbol{A} \qquad \boldsymbol{A}+(\boldsymbol{B}+\boldsymbol{C})=(\boldsymbol{A}+\boldsymbol{B})+\boldsymbol{C}$$

$$k(\boldsymbol{A}+\boldsymbol{B})=k\boldsymbol{A}+k\boldsymbol{B} \qquad \boldsymbol{A}+\boldsymbol{0}=\boldsymbol{A}$$

$$(k+l)\boldsymbol{A}=k\boldsymbol{A}+l\boldsymbol{A} \qquad \boldsymbol{A}(\boldsymbol{BC})=(\boldsymbol{AB})\boldsymbol{C}$$

$$\boldsymbol{A}(\boldsymbol{B}+\boldsymbol{C})=\boldsymbol{AB}+\boldsymbol{AC} \qquad (\boldsymbol{B}+\boldsymbol{C})\boldsymbol{A}=\boldsymbol{BA}+\boldsymbol{CA}$$

$$k(\boldsymbol{AB})=(k\boldsymbol{A})\boldsymbol{B}=\boldsymbol{A}(k\boldsymbol{B}) \qquad (\boldsymbol{A}^{\mathrm{T}})^{\mathrm{T}}=\boldsymbol{A}$$

$$(\boldsymbol{A}+\boldsymbol{B})^{\mathrm{T}}=\boldsymbol{A}^{\mathrm{T}}+\boldsymbol{B}^{\mathrm{T}} \qquad (\boldsymbol{AB})^{\mathrm{T}}=\boldsymbol{B}^{\mathrm{T}}\boldsymbol{A}^{\mathrm{T}}$$

$$(k\boldsymbol{A})^{\mathrm{T}}=k\boldsymbol{A}^{\mathrm{T}} \qquad (\boldsymbol{A}^{-1})^{-1}=\boldsymbol{A}$$

当$\boldsymbol{A}$，$\boldsymbol{B}$为n阶方阵，还有如下性质：

$$|k\boldsymbol{A}|=k^n|\boldsymbol{A}|, \quad |\boldsymbol{AB}|=|\boldsymbol{A}||\boldsymbol{B}|$$

5. 逆矩阵

(1) 逆矩阵的概念。

对于 n 阶方阵$\boldsymbol{A}$，如果存在 n 阶方阵$\boldsymbol{B}$，使得

$$AB = BA = E$$

其中，E 为 n 阶单位阵，则称 A 为**可逆矩阵**，称 B 为 A 的**逆矩阵**。

如果 A 是可逆矩阵，那么 A 的逆矩阵是唯一的，唯一的逆矩阵记为 A^{-1}。

(2) 矩阵可逆的条件。

方阵 $A = \begin{pmatrix} a_{11} & a_{12} & \cdots & a_{1n} \\ a_{21} & a_{22} & \cdots & a_{2n} \\ \cdots & \cdots & \cdots & \cdots \\ a_{n1} & a_{n2} & \cdots & a_{nn} \end{pmatrix}$ 是可逆矩阵的充分必要条件是 $|A| \neq 0$，

且当 A 是可逆矩阵时，其逆矩阵 $A^{-1} = \dfrac{1}{|A|}A^*$。

其中，$A^* = \begin{pmatrix} A_{11} & A_{21} & \cdots & A_{n1} \\ A_{12} & A_{22} & \cdots & A_{n2} \\ \cdots & \cdots & \cdots & \cdots \\ A_{1n} & A_{2n} & \cdots & A_{nn} \end{pmatrix}$ 称为 A 的伴随矩阵，伴随矩阵中的元素 A_{ij} 是方阵 A 的行列式 $|A|$ 中元素 a_{ij} 的代数余子式 $(i, j=1, 2, \cdots, n)$。

(3) 逆矩阵的性质。

设 A、B 为 n 阶可逆方阵，k 为非零常数，逆矩阵有如下性质：

$$(A^{-1})^{-1} = A;$$

$$(kA)^{-1} = \frac{1}{k}A^{-1}$$

$$(A^{T})^{-1} = (A^{-1})^{T};$$

$$(AB)^{-1} = (B^{-1}A^{-1});$$

$$(A^*)^{-1} = (A^{-1})^* = \frac{1}{|A|}A。$$

如果 n 阶方阵 A、B 满足 $AB=E$（或 $BA=E$），则 $B=A^{-1}$。

6. 分块矩阵

(1) 将一个矩阵分成若干块（称为子块和子阵），并以所分的子块为元素的矩阵称为分块矩阵。

(2) 分块矩阵的运算。

分块矩阵运算时，把子块作为元素处理。

$$\boldsymbol{A}_{m\times n}=(\boldsymbol{A}_{pq})=\begin{pmatrix}\boldsymbol{A}_{11} & \boldsymbol{A}_{12} & \cdots & A_{1t}\\ \boldsymbol{A}_{21} & \boldsymbol{A}_{22} & \cdots & \boldsymbol{A}_{2t}\\ \cdots & \cdots & \cdots & \cdots\\ \boldsymbol{A}_{s1} & \boldsymbol{A}_{s2} & \cdots & \boldsymbol{A}_{st}\end{pmatrix}$$

$$\boldsymbol{B}_{m\times n}=(\boldsymbol{B}_{pq})=\begin{pmatrix}\boldsymbol{B}_{11} & \boldsymbol{B}_{12} & \cdots & \boldsymbol{B}_{1t}\\ \boldsymbol{B}_{21} & \boldsymbol{B}_{22} & \cdots & \boldsymbol{B}_{2t}\\ \cdots & \cdots & \cdots & \cdots\\ \boldsymbol{B}_{s1} & \boldsymbol{B}_{s2} & \cdots & B_{st}\end{pmatrix}$$

其中，对应子块 $\boldsymbol{A}_{pq}$ 与 $\boldsymbol{B}_{pq}$ 有相同的行数与相同的数列，则

$$\boldsymbol{A}+\boldsymbol{B}=(\boldsymbol{A}_{pq})+(\boldsymbol{B}_{pq})=(\boldsymbol{A}_{pq}+\boldsymbol{B}_{pq})$$

如果将矩阵 $\boldsymbol{A}_{m\times l}$，$\boldsymbol{B}_{l\times n}$ 分块为

$$\boldsymbol{A}_{m\times l}=(A_{pk})=\begin{pmatrix}\boldsymbol{A}_{11} & \boldsymbol{A}_{12} & \cdots & \boldsymbol{A}_{1r}\\ \boldsymbol{A}_{21} & \boldsymbol{A}_{22} & \cdots & \boldsymbol{A}_{2r}\\ \cdots & \cdots & \cdots & \cdots\\ \boldsymbol{A}_{s1} & \boldsymbol{A}_{s2} & \cdots & \boldsymbol{A}_{sr}\end{pmatrix}\begin{matrix}m_1\\ m_2\\ \vdots\\ m_s\end{matrix}$$
$$\quad l_1 \quad l_2 \quad \cdots \quad l_r$$

$$\boldsymbol{B}_{l\times n}=(\boldsymbol{B}_{kq})=\begin{pmatrix}\boldsymbol{B}_{11} & \boldsymbol{B}_{12} & \cdots & \boldsymbol{B}_{1t}\\ \boldsymbol{B}_{21} & \boldsymbol{B}_{22} & \cdots & \boldsymbol{B}_{2t}\\ \cdots & \cdots & \cdots & \cdots\\ \boldsymbol{B}_{r1} & \boldsymbol{R}_{r2} & \cdots & \boldsymbol{B}_{rt}\end{pmatrix}\begin{matrix}l_1\\ l_2\\ \vdots\\ l_r\end{matrix}$$
$$\quad n_1 \quad n_2 \quad \cdots \quad n_t$$

其中，$\boldsymbol{A}_{pk}$ 的列数与 $\boldsymbol{B}_{kq}$ 的行数相同，都是 l_k，$l_1+l_2+\cdots+l_r=l$，则

$$\boldsymbol{C}=\boldsymbol{AB}=(\boldsymbol{A}_{pk})(\boldsymbol{B}_{kq})=\left(\sum_{k=1}^{r}\boldsymbol{A}_{pk}\boldsymbol{B}_{kq}\right)$$

7. 矩阵的初等变换和初等矩阵

(1) 对矩阵进行下列三种变换称为矩阵的初等变换。

① 交换矩阵两行(列)的位置(交换 i，j 两行，记为 $r_i\rightarrow r_j$；交换 i，j 两列，记为 $c_i\leftrightarrow c_j$)。

② 不为零的数 k 乘矩阵的某行(列)(k 乘第 i 行记为 kr_i；k 乘第 i 列记为 $k\,c_i$)。

③ 把矩阵某行(列)的 k 倍加到另一行(列)上去(第 i 行的 k 倍加到第 j 行上去

记为 r_j+kr_i，第 i 列的 k 倍加到第 j 列上去记为 c_j+kc_i）。

（2）初等矩阵。

初等矩阵有下列三种：

① 对 $\boldsymbol{E}$ 的第 i，j 行（列）互换得到的矩阵。即：

$$\boldsymbol{E}(i,j)=\begin{pmatrix}1&&&&&&\\&\ddots&&&&&\\&&0&\cdots\cdots&1&&\\&&\vdots&1&\vdots&&\\&&\vdots&\ddots&\vdots&&\\&&\vdots&1&\vdots&&\\&&1&\cdots\cdots&0&&\\&&&&&\ddots&\\&&&&&&1\end{pmatrix}\begin{matrix}\\\\i\text{ 行}\\\\\\\\j\text{ 行}\\\\\\\end{matrix}$$

$$\qquad\qquad i\text{ 列}\qquad j\text{ 列}$$

② 对 $\boldsymbol{E}$ 的第 i 行（列）乘以非零数 k 得到的矩阵。即：

$$\boldsymbol{E}(i(k))=\begin{pmatrix}1&&&&\\&\ddots&&&\\&&k&&\\&&&\ddots&\\&&&&1\end{pmatrix}\begin{matrix}\\\\i\text{ 行}\\\\\\\end{matrix}\quad(k\neq0)$$

$$i\text{ 列}$$

③ 对 $\boldsymbol{E}$ 的第 j 行乘以数 k 加到第 i 行上，或 $\boldsymbol{E}$ 的第 i 列乘以数 k 加到第 j 列上得到的矩阵。即：

$$\boldsymbol{E}(j,i(k))=\begin{pmatrix}1&&&&\\&\ddots&&&\\&&1&&\\&&\vdots&\ddots&\\&&k&\cdots\cdots&1&\\&&&&&\ddots&\\&&&&&&1\end{pmatrix}\begin{matrix}\\\\i\text{ 行}\\\\j\text{ 行}\\\\\\\end{matrix}$$

$$i\text{ 列}\qquad j\text{ 列}$$

初等矩阵具有如下性质：

① $\boldsymbol{E}(i,j)^{-1}=\boldsymbol{E}(j,i)$；$\boldsymbol{E}i(k)^{-1}=\boldsymbol{E}\left(i\left(\dfrac{1}{k}\right)\right)$，$k\neq0$；$\boldsymbol{E}(j,i(k))^{-1}=\boldsymbol{E}(j,i(-k))$。

② $|\boldsymbol{E}(i,j)|=-1$，$|\boldsymbol{E}(i(k))|=k$，$|\boldsymbol{E}(j,i(k))|=1$。

（3）对矩阵施以初等变换与初等矩阵的关系。

对 $m\times n$ 矩阵 $\boldsymbol{A}$ 施以某种初等行变换得到的矩阵，等于用同种的 m 阶初等矩阵左乘 $\boldsymbol{A}$.

对 $m\times n$ 矩阵 $\boldsymbol{A}$ 施以某种初等列变换得到的矩阵，等于用同种的 n 阶初等矩阵右乘 $\boldsymbol{A}$。

8. 行阶梯形矩阵和行最简阶梯形矩阵

(1) 如果矩阵 $\boldsymbol{A}$ 的零行(元素全为零的行)在矩阵非零行(至少有一个元素不为零的行)下方，且各非零行首非零元(即非零行中第一个非零元素)的列标随着行标的增大而增大，则称矩阵 $\boldsymbol{A}$ 为行阶梯形矩阵。

在行阶梯形矩阵中，若所有首非零元全为 1，且首非零元所在列的其余元素都是零的矩阵，称之为行最简阶梯形矩阵。

(2) 任意 $m\times n$ 矩阵 $\boldsymbol{A}$ 都可以经过若干初等行变换，化为行阶梯形矩阵、行最简阶梯形矩阵，且也可以经过若干初等变换化为标准形矩阵 $\boldsymbol{D}$。

$$\boldsymbol{D}=\begin{pmatrix}\boldsymbol{E}_r & \boldsymbol{O}_{r\times(n-r)}\\ \boldsymbol{O}_{(m-r)\times r} & \boldsymbol{O}_{(m-r)\times(n-r)}\end{pmatrix}$$

(3) n 阶方阵 $\boldsymbol{A}$ 为可逆的充分必要条件是它可以表示一些初等矩阵的乘积。

(4) 用矩阵初等行变换求逆矩阵的步骤。

① 由方阵 $\boldsymbol{A}$ 作矩阵 $(\boldsymbol{A}\mid\boldsymbol{E})$。

② 用若干矩阵初等行变换将 $(\boldsymbol{A}\mid\boldsymbol{E})$ 化为 $(\boldsymbol{E}\mid\boldsymbol{C})$，$\boldsymbol{C}$ 即为 $\boldsymbol{A}$ 的逆矩阵 $\boldsymbol{A}^{-1}$。

9. 矩阵的秩

(1) 设 $\boldsymbol{A}=(a_{ij})$ 是 $m\times n$ 矩阵，从 $\boldsymbol{A}$ 中任取 k 行 k 列 $(k\leqslant\min(m,n))$，位于这些行和列的相交处的元素，保持它们原来的相对位置所构成的 k 阶行列式，称为矩阵 $\boldsymbol{A}$ 的一个 k 阶子式。

设 $\boldsymbol{A}$ 为 $m\times n$ 矩阵。如果 $\boldsymbol{A}$ 中不为零的子式最高阶数为 r，即存在 r 阶子式不为零，而任何 $r+1$ 阶子式皆为零，则称 r 为矩阵 $\boldsymbol{A}$ 的秩，记为 $R(\boldsymbol{A})$，即 $R(\boldsymbol{A})=r$。当 $\boldsymbol{A}=\boldsymbol{O}$ 时，规定 $R(\boldsymbol{A})=0$。

(2) 矩阵经初等变换后，其秩不变。

(3) 矩阵 $\boldsymbol{A}$ 经若干次初等行变换化为行阶梯形矩阵，则矩阵 $\boldsymbol{A}$ 的秩等于该行阶梯形矩阵的非零行的行数。

第二节　例 题 分 析

【例 1】 有三种牌号牙膏，上月份购买甲种牌号者本月份有 30% 转向购买乙种牌号，有 30%转向购买丙种牌号；上月份购买乙种牌号者本月份分别有 30%、20%转向购买甲种与丙种；上月份购买丙种牌号者本月份转向购买甲种与乙种的都是 20%。试用矩阵表示顾客转换牙膏牌号的情况。

分析　可将以上资料列示如表：

		本月份		
		甲	乙	丙
上月份	甲	0.4	0.3	0.3
	乙	0.3	0.5	0.2
	丙	0.2	0.2	0.6

解　根据已知条件，顾客上月份购买牙膏的牌号为矩阵的行，本月份购买牙膏的牌号为矩阵的列，则顾客转换牙膏牌号的情况可表示成如下矩阵：

$$\boldsymbol{A}=\begin{pmatrix}0.4 & 0.3 & 0.3\\ 0.3 & 0.5 & 0.2\\ 0.2 & 0.2 & 0.6\end{pmatrix}$$

【例 2】 设 $\begin{pmatrix}2 & x & y\\ 3 & z & 0\end{pmatrix}=\begin{pmatrix}w & x^2 & x-y\\ 3 & x+w & 0\end{pmatrix}$，求 x, y, z, w。

分析　根据矩阵相等定义求解。

解　由矩阵的定义可得，$\begin{cases}w=2\\ x^2=x\\ x-y=y\\ x+w=z\end{cases}$，

解方程组，得解

$$x=0,\ y=0,\ z=2,\ w=2$$

或

$$x=1,\ y=\frac{1}{2},\ z=3,\ w=2$$

【例 3】 已知

$$\boldsymbol{A}=\begin{pmatrix}-1 & 2 & 3 & 1\\ 0 & 3 & -2 & 1\\ 4 & 0 & 3 & 2\end{pmatrix},\ \boldsymbol{B}=\begin{pmatrix}4 & 3 & 2 & -1\\ 5 & -3 & 0 & 1\\ 1 & 2 & -5 & 0\end{pmatrix}$$

求 $3\boldsymbol{A}-2\boldsymbol{B}$。

解

$$3\boldsymbol{A}-3\boldsymbol{B}=3\begin{pmatrix}-1&2&3&1\\0&3&-2&1\\4&0&3&2\end{pmatrix}-2\begin{pmatrix}4&3&2&-1\\5&-3&0&1\\1&2&-5&0\end{pmatrix}$$

$$=\begin{pmatrix}-3-8&6-6&9-4&3+2\\0-10&9+6&-6-0&3-2\\12-2&0-4&9+10&6-0\end{pmatrix}$$

$$=\begin{pmatrix}-11&0&5&5\\-10&15&-6&1\\10&-4&19&6\end{pmatrix}$$

【例 4】 已知

$$\boldsymbol{A}=\begin{pmatrix}3&-1&2&0\\1&5&7&9\\2&4&6&8\end{pmatrix},\boldsymbol{B}=\begin{pmatrix}7&5&-2&4\\5&1&9&7\\3&2&-1&6\end{pmatrix}$$

且 $\boldsymbol{A}+2\boldsymbol{X}=\boldsymbol{B}$,求 $\boldsymbol{X}$。

解 $\boldsymbol{X}=\frac{1}{2}(\boldsymbol{B}-\boldsymbol{A})=\frac{1}{2}\begin{pmatrix}4&6&-4&4\\4&-4&2&-2\\1&-2&-7&-2\end{pmatrix}=\begin{pmatrix}2&3&-2&2\\2&-2&1&-1\\\frac{1}{2}&-1&-\frac{7}{2}&-1\end{pmatrix}$

【例 5】 设矩阵 $\boldsymbol{A}=\begin{pmatrix}5&1&0&3\\2&4&5&3\end{pmatrix}$ $\boldsymbol{B}=\begin{pmatrix}4&2\\-2&4\\1&3\\1&-5\end{pmatrix}$

求 $\boldsymbol{AB}$, $\boldsymbol{BA}$, $\boldsymbol{A}^{\mathrm{T}}\boldsymbol{B}^{\mathrm{T}}$, $\boldsymbol{BA}-\boldsymbol{A}^{\mathrm{T}}\boldsymbol{B}^{\mathrm{T}}$ 。

解 $\boldsymbol{AB}=\begin{pmatrix}21&-1\\8&20\end{pmatrix}$, $\boldsymbol{BA}=\begin{pmatrix}24&12&10&18\\-2&14&20&6\\11&13&15&12\\-5&-19&-25&-12\end{pmatrix}$,

$$A^TB^T = \begin{pmatrix} 24 & -2 & 11 & -5 \\ 12 & 14 & 13 & -19 \\ 10 & 20 & 15 & -25 \\ 18 & 6 & 12 & -12 \end{pmatrix}$$

$$BA - A^TB^T = \begin{pmatrix} 0 & 14 & -1 & 23 \\ -14 & 0 & 7 & 25 \\ 1 & -7 & 0 & 37 \\ -23 & -25 & -37 & 0 \end{pmatrix}$$

【例 6】 设 $A=\begin{pmatrix} 1 & 0 & \alpha \\ 0 & 1 & 0 \\ 0 & 0 & 1 \end{pmatrix}$,求 A^n。

分析 我们先计算 A^2、A^3,然后从中找到规律。

解 $A^2 = \begin{pmatrix} 1 & 0 & \alpha \\ 0 & 1 & 0 \\ 0 & 0 & 1 \end{pmatrix}\begin{pmatrix} 1 & 0 & \alpha \\ 0 & 1 & 0 \\ 0 & 0 & 1 \end{pmatrix} = \begin{pmatrix} 1 & 0 & 2\alpha \\ 0 & 1 & 0 \\ 0 & 0 & 1 \end{pmatrix}$

$$A^3 = \begin{pmatrix} 1 & 0 & 2\alpha \\ 0 & 1 & 0 \\ 0 & 0 & 1 \end{pmatrix}\begin{pmatrix} 1 & 0 & \alpha \\ 0 & 1 & 0 \\ 0 & 0 & 1 \end{pmatrix} = \begin{pmatrix} 1 & 0 & 3\alpha \\ 0 & 1 & 0 \\ 0 & 0 & 1 \end{pmatrix}$$

由数学归纳法,可得

$$A^n = \begin{pmatrix} 1 & 0 & n\alpha \\ 0 & 1 & 0 \\ 0 & 0 & 1 \end{pmatrix}$$

【例 7】 已知矩阵 $A = \begin{pmatrix} 1 & -3 & 2 \\ -3 & 0 & 1 \\ 1 & 1 & -1 \end{pmatrix}$,求逆矩阵 A^{-1}。

分析 由矩阵可逆的条件 $|A| \neq 0$ 入手,若 $|A| \neq 0$,再计算 A^*,然后应用 $A^{-1} = \frac{1}{|A|}A^*$,求 A^{-1}。也可以构建矩阵(AE),应用矩阵初等行变换,将(AE)化为(EB),那么 $A^{-1} = B$。

解法一 $|A| = -1$

$A_{11} = -1 \quad A_{21} = -1 \quad A_{31} = -3$

$$A_{12}=-2 \quad A_{22}=-3 \quad A_{32}=-7$$
$$A_{13}=-3 \quad A_{23}=-4 \quad A_{33}=-9$$

所以 $A^{-1}=\frac{1}{|A|}A^*=\frac{1}{-1}\begin{pmatrix}-1&-1&-3\\-2&-3&-7\\-3&-4&-9\end{pmatrix}$

$$=\begin{pmatrix}1&1&3\\2&3&7\\3&4&9\end{pmatrix}$$

解法二 构建(AE),进行矩阵初等行变换。

$$(AE)\xrightarrow[r_3-r_1]{r_2+3r_1}\begin{pmatrix}1&-3&2&1&0&0\\0&-9&7&3&1&0\\0&4&-3&-1&0&1\end{pmatrix}\xrightarrow{r_2+2r_3}\begin{pmatrix}1&-3&2&1&0&0\\0&-1&1&1&1&2\\0&4&-3&-1&0&1\end{pmatrix}$$

$$\xrightarrow{r_3+4r_2}\begin{pmatrix}1&-3&2&1&0&0\\0&-1&1&1&1&2\\0&0&1&3&4&9\end{pmatrix}\xrightarrow[r_2-r_3]{r_1-2r_3}\begin{pmatrix}1&-3&0&-5&-8&-18\\0&-1&0&-2&-3&-7\\0&0&1&3&4&9\end{pmatrix}$$

$$\xrightarrow{r_1-3r_2}\begin{pmatrix}1&0&0&1&1&3\\0&-1&0&-2&-3&-7\\0&0&1&3&4&9\end{pmatrix}\xrightarrow{-r_2}\begin{pmatrix}1&0&0&1&1&3\\0&1&0&2&3&7\\0&0&1&3&4&9\end{pmatrix}$$

所以

$$A^{-1}=\begin{pmatrix}1&1&3\\2&3&7\\3&4&9\end{pmatrix}$$

【例 8】 设 n 阶方阵 A 满足等式 $A^2+2A-3E=O$,求 $(A+4E)^{-1}$。

分析 如果存在 n 阶方阵 B,使 $(A+4E)B=E$,那么 $A+4E$ 可逆,且 B 为 $(A+4E)$ 的逆矩阵。于是我们首先由等式产生矩阵 $A+4E$,$A^2+4A-2A-3E=O$,从而由 $A(A+4E)-2A-3E=O$。得 $(A+4E)(A-2E)=-5E$,于是问题可解。

解 由 $A^2+2A-3E=O$,得

$$A^2+4A-2A-8E=-5E$$

于是

$$A(A+4E)-2(A+4E)=-5E$$

得

$$-\frac{1}{5}(A-2E)(A+4E)=E$$

即 $$\left(-\frac{1}{5}A+\frac{2}{5}E\right)(A+4E)=E$$

所以 $A+4E$ 是可逆矩阵,且

$$(A+4E)^{-1}=-\frac{1}{5}A+\frac{2}{5}E$$

【例 9】 解矩阵方程 $\begin{pmatrix}2&5\\1&3\end{pmatrix}X=\begin{pmatrix}4&1&0\\2&6&5\end{pmatrix}$。

分析 这是 $AX=B$ 型矩阵方程。如果 A 可逆,则 $X=A^{-1}B$,为此,先求 A^{-1}。

解 由于 $\begin{vmatrix}2&5\\1&3\end{vmatrix}=1\neq0$,所以 $\begin{pmatrix}2&5\\1&3\end{pmatrix}$ 可逆,且 $\begin{pmatrix}2&5\\1&3\end{pmatrix}^{-1}=\begin{pmatrix}3&-5\\-1&2\end{pmatrix}$

于是 $X=\begin{pmatrix}2&5\\1&3\end{pmatrix}^{-1}\begin{pmatrix}4&1&0\\2&6&5\end{pmatrix}=\begin{pmatrix}3&-5\\-1&2\end{pmatrix}\begin{pmatrix}4&1&0\\2&6&5\end{pmatrix}=\begin{pmatrix}2&-27&-25\\0&11&10\end{pmatrix}$

【例 10】 设 $A=\begin{pmatrix}1&0&0&0\\0&1&0&0\\1&0&2&1\\0&1&3&2\end{pmatrix}$, $B=\begin{pmatrix}1&0&1&2\\2&1&0&0\\0&0&1&0\\1&1&1&1\end{pmatrix}$。

用分块矩阵的乘法求 AB。

分析 矩阵 B 的行的分法必须与矩阵 A 的列的分法相一致。如果矩阵 A 的列分成两部分,每一部分都是两列,所以矩阵 B 的行也必须分成两部分,且每一部分都是两行。至于矩阵 B 的列的分法可以任意选取。

解 $$A=\left(\begin{array}{cc:cc}1&0&0&0\\0&1&0&0\\\hdashline 1&0&2&1\\0&1&3&2\end{array}\right)=\begin{pmatrix}E_2&0\\E_2&A_1\end{pmatrix},\ B=\left(\begin{array}{cc:cc}1&0&1&2\\2&1&0&0\\\hdashline 0&0&1&0\\1&1&1&1\end{array}\right)=\begin{pmatrix}B_1&B_2\\B_3&B_4\end{pmatrix}$$

按分块矩阵的乘法,有

$$AB=\begin{pmatrix}E_2&0\\E_2&A_1\end{pmatrix}\begin{pmatrix}B_1&B_2\\B_3&B_4\end{pmatrix}$$
$$=\begin{pmatrix}B_1&B_2\\B_1+A_1B_3&B_2+A_1B_4\end{pmatrix}$$

而

$$B_1 + A_1B_3 = \begin{pmatrix} 1 & 0 \\ 2 & 1 \end{pmatrix} + \begin{pmatrix} 2 & 1 \\ 3 & 2 \end{pmatrix}\begin{pmatrix} 0 & 0 \\ 1 & 1 \end{pmatrix} = \begin{pmatrix} 2 & 1 \\ 4 & 3 \end{pmatrix}$$

$$B_2 + A_1B_4 = \begin{pmatrix} 1 & 2 \\ 0 & 0 \end{pmatrix} + \begin{pmatrix} 2 & 1 \\ 3 & 2 \end{pmatrix}\begin{pmatrix} 1 & 0 \\ 1 & 1 \end{pmatrix} = \begin{pmatrix} 4 & 3 \\ 5 & 2 \end{pmatrix}$$

得
$$AB = \begin{pmatrix} 1 & 0 & 1 & 2 \\ 2 & 1 & 0 & 0 \\ 2 & 1 & 4 & 3 \\ 4 & 3 & 5 & 2 \end{pmatrix}$$

【例 11】 求矩阵 $A = \begin{pmatrix} 4 & 3 & 1 & -2 \\ 1 & 5 & 0 & 8 \\ -2 & -10 & 0 & -16 \\ 5 & 8 & 1 & 6 \end{pmatrix}$ 的秩。

解 对矩阵 A 施行初等行变换，将其化为行阶梯形矩阵

$$A = \begin{pmatrix} 4 & 3 & 1 & -2 \\ 1 & 5 & 0 & 8 \\ -2 & -10 & 0 & -16 \\ 5 & 8 & 1 & 6 \end{pmatrix} \xrightarrow{r_1 \leftrightarrow r_2} \begin{pmatrix} 1 & 5 & 0 & 8 \\ 4 & 3 & 1 & -2 \\ -2 & -10 & 0 & -16 \\ 5 & 8 & 1 & 6 \end{pmatrix}$$

$$\xrightarrow[\substack{r_3 + 2r_1 \\ r_4 - 5r_1}]{r_2 - 4r_1} \begin{pmatrix} 1 & 5 & 0 & 8 \\ 0 & -17 & 1 & -34 \\ 0 & 0 & 0 & 0 \\ 0 & -17 & 1 & -34 \end{pmatrix} \xrightarrow{r_4 - r_2} \begin{pmatrix} 1 & 5 & 0 & 8 \\ 0 & -17 & 1 & -34 \\ 0 & 0 & 0 & 0 \\ 0 & 0 & 0 & 0 \end{pmatrix}$$

所以 $R(A) = 2$

【例 12】 将矩阵 $A = \begin{pmatrix} 4 & 2 & 2 & 4 & 2 & 4 \\ 3 & 2 & 2 & 3 & 2 & 3 \\ 4 & 2 & 4 & 5 & 2 & 4 \\ 2 & 1 & 1 & 2 & 1 & 2 \end{pmatrix}$ 化为行最简阶梯形矩阵。

分析 一般地，首先运用矩阵初等行变换将矩阵 A 化为行阶梯形矩阵，然后将非零行首非零元化为 1，最后将首非零元所在列的其他元素化为零，所得的矩阵即为行最简梯形矩阵。

解 $A \xrightarrow{r_1-r_2} \begin{pmatrix} 1 & 0 & 0 & 1 & 0 & 1 \\ 3 & 2 & 2 & 3 & 2 & 3 \\ 4 & 2 & 4 & 5 & 2 & 4 \\ 2 & 1 & 1 & 2 & 1 & 2 \end{pmatrix} \xrightarrow[r_4-2r_1]{\substack{r_2-3r_1 \\ r_3-4r_1}} \begin{pmatrix} 1 & 0 & 0 & 1 & 0 & 1 \\ 0 & 2 & 2 & 0 & 2 & 0 \\ 0 & 2 & 4 & 1 & 2 & 0 \\ 0 & 1 & 1 & 0 & 1 & 0 \end{pmatrix}$

$$\xrightarrow{r_2 \leftrightarrow r_4} \begin{pmatrix} 1 & 0 & 0 & 1 & 0 & 1 \\ 0 & 1 & 1 & 0 & 1 & 0 \\ 0 & 2 & 4 & 1 & 2 & 0 \\ 0 & 2 & 2 & 0 & 2 & 0 \end{pmatrix} \xrightarrow[r_4-2r_2]{r_3-2r_2} \begin{pmatrix} 1 & 0 & 0 & 1 & 0 & 1 \\ 0 & 1 & 1 & 0 & 1 & 0 \\ 0 & 0 & 2 & 1 & 0 & 0 \\ 0 & 0 & 0 & 0 & 0 & 0 \end{pmatrix}$$

$$\xrightarrow{\frac{1}{2}r_3} \begin{pmatrix} 1 & 0 & 0 & 1 & 0 & 1 \\ 0 & 1 & 1 & 0 & 1 & 0 \\ 0 & 0 & 1 & \frac{1}{2} & 0 & 0 \\ 0 & 0 & 0 & 0 & 0 & 0 \end{pmatrix} \xrightarrow{r_1-r_3} \begin{pmatrix} 1 & 0 & 0 & 1 & 0 & 1 \\ 0 & 1 & 0 & -\frac{1}{2} & 1 & 0 \\ 0 & 0 & 1 & \frac{1}{2} & 0 & 0 \\ 0 & 0 & 0 & 0 & 0 & 0 \end{pmatrix}$$

第三节 习题选解

习 题 2-1

2. 有6名选手参加乒乓球比赛,成绩如下:选手1胜选手2, 4, 5, 6,负于选手3;选手2胜选手4, 5, 6,负于选手1, 3;选手3胜选手1, 2, 4,负于选手5, 6;选手4胜选手5, 6,负于选手1, 2, 3;选手5胜选手3, 6,负于选手1, 2, 4,若胜一场得1分,负一场得零分,试用矩阵表示输赢状况。

解 由题意,选手6胜选手3,负于选手1, 2, 4, 5。乒乓球比赛的得分矩阵为

$$\begin{array}{cc} & \text{选手:} \quad 1 \quad\ 2 \quad\ 3 \quad\ 4 \quad\ 5 \quad\ 6 \\ \text{选手:} & \begin{array}{c} 1 \\ 2 \\ 3 \\ 4 \\ 5 \\ 6 \end{array} \begin{pmatrix} * & 1 & 0 & 1 & 1 & 1 \\ 0 & * & 0 & 1 & 1 & 1 \\ 1 & 1 & * & 1 & 0 & 0 \\ 0 & 0 & 0 & * & 1 & 1 \\ 0 & 0 & 1 & 0 & * & 1 \\ 0 & 0 & 1 & 0 & 0 & * \end{pmatrix} \end{array}$$

,其中 * 处表示没有元素。

习 题 2-2

1. 设$A=\begin{pmatrix}1&2&1&2\\2&1&2&1\\1&2&3&4\end{pmatrix}$，$B=\begin{pmatrix}4&3&2&1\\-2&1&-2&1\\0&-1&0&-1\end{pmatrix}$，

计算：(1) $3A-B$。(2) $2A+3B$。

解 (1) $$3A-B=3\begin{pmatrix}1&2&1&2\\2&1&2&1\\1&2&3&4\end{pmatrix}-\begin{pmatrix}4&3&2&1\\-2&1&-2&1\\0&-1&0&-1\end{pmatrix}$$

$$=\begin{pmatrix}-1&3&1&5\\8&2&8&2\\3&7&9&13\end{pmatrix}$$

(2) $$2A+3B=2\begin{pmatrix}1&2&1&2\\2&1&2&1\\1&2&3&4\end{pmatrix}+3\begin{pmatrix}4&3&2&1\\-2&1&-2&1\\0&-1&0&-1\end{pmatrix}$$

$$=\begin{pmatrix}14&13&8&7\\-2&5&-2&5\\2&1&6&5\end{pmatrix}$$

3. 设$A=\begin{pmatrix}1&-2&3\\4&3&-1\end{pmatrix}$，$B=\begin{pmatrix}2&0&2\\3&1&4\end{pmatrix}$。

(1) 若矩阵 X 满足 $A+X-2B=O$，求矩阵 X。

(2) 若矩阵 Y 满足 $2(A-Y)=3B+4Y$，求矩阵 Y。

解 (1) 从方程 $A+X-2B=O$ 中先解出 $X=2B-A$，然后再将 A，B 矩阵代入进行运算，得

$$X=2\begin{pmatrix}2&0&2\\3&1&4\end{pmatrix}-\begin{pmatrix}1&-2&3\\4&3&-1\end{pmatrix}$$

$$=\begin{pmatrix}4&0&4\\6&2&8\end{pmatrix}-\begin{pmatrix}1&-2&3\\4&3&-1\end{pmatrix}=\begin{pmatrix}3&2&1\\2&-1&9\end{pmatrix}$$

(2) 从方程 $2(A-Y)=3B+4Y$ 中解出 $Y=\frac{1}{3}A-\frac{1}{2}B$，再将矩阵 A，B 代入计

算，得

$$Y=\frac{1}{3}A-\frac{1}{2}B=\frac{1}{3}\begin{pmatrix}1&-2&3\\4&3&-1\end{pmatrix}-\frac{1}{2}\begin{pmatrix}2&0&2\\3&1&4\end{pmatrix}$$

$$=\begin{pmatrix}-\frac{2}{3}&-\frac{2}{3}&0\\-\frac{1}{6}&\frac{1}{2}&-\frac{7}{3}\end{pmatrix}$$

4. 计算。

(2) $\begin{pmatrix}4\\5\\6\end{pmatrix}(1\quad 2\quad 3)$　　(4) $\begin{pmatrix}1&1\\2&0\end{pmatrix}\begin{pmatrix}2&1&3\\0&4&1\end{pmatrix}$　　(6) $\begin{pmatrix}3&1&0\\2&0&4\\0&2&3\end{pmatrix}\begin{pmatrix}1&2\\2&1\\1&0\end{pmatrix}$

解 (2) $\begin{pmatrix}4\\5\\6\end{pmatrix}(1\quad 2\quad 3)=\begin{pmatrix}4&8&12\\5&10&15\\6&12&18\end{pmatrix}$

(4) $\begin{pmatrix}1&1\\2&0\end{pmatrix}\begin{pmatrix}2&1&3\\0&4&1\end{pmatrix}=\begin{pmatrix}1\times2+1\times0&1\times1+1\times4&1\times3+1\times1\\2\times2+0\times0&2\times1+0\times4&2\times3+0\times1\end{pmatrix}$

$$=\begin{pmatrix}2&5&4\\4&2&6\end{pmatrix}$$

(6) $\begin{pmatrix}3&1&0\\2&0&4\\0&2&3\end{pmatrix}\begin{pmatrix}1&2\\2&1\\1&0\end{pmatrix}=\begin{pmatrix}3\times1+1\times2+0&3\times2+1\times1+0\\2\times1+0+4\times1&2\times2+0+0\\0+2\times2+3\times1&0+2\times1+0\end{pmatrix}=\begin{pmatrix}5&7\\6&4\\7&2\end{pmatrix}$

5. 求下列方阵的幂。

(1) $\begin{pmatrix}1&0\\\lambda&1\end{pmatrix}^n$　　(2) $\begin{pmatrix}a&0&0\\0&b&0\\0&0&c\end{pmatrix}^n$

解 (1) 因为 $\begin{pmatrix}1&0\\\lambda&1\end{pmatrix}^2=\begin{pmatrix}1&0\\\lambda&1\end{pmatrix}\begin{pmatrix}1&0\\\lambda&1\end{pmatrix}=\begin{pmatrix}1&0\\2\lambda&1\end{pmatrix}$

$$\begin{pmatrix}1&0\\\lambda&1\end{pmatrix}^3=\begin{pmatrix}1&0\\\lambda&1\end{pmatrix}^2\begin{pmatrix}1&0\\\lambda&1\end{pmatrix}=\begin{pmatrix}1&0\\2\lambda&1\end{pmatrix}\begin{pmatrix}1&0\\\lambda&1\end{pmatrix}=\begin{pmatrix}1&0\\3\lambda&1\end{pmatrix}$$

由归纳法得 $\begin{pmatrix}1&0\\\lambda&1\end{pmatrix}^n=\begin{pmatrix}1&0\\n\lambda&1\end{pmatrix}(n=1,\ 2,\ \cdots)$

(2) 因为 $\begin{pmatrix} a & 0 & 0 \\ 0 & b & 0 \\ 0 & 0 & c \end{pmatrix}^2 = \begin{pmatrix} a & 0 & 0 \\ 0 & b & 0 \\ 0 & 0 & c \end{pmatrix}\begin{pmatrix} a & 0 & 0 \\ 0 & b & 0 \\ 0 & 0 & c \end{pmatrix} = \begin{pmatrix} a^2 & 0 & 0 \\ 0 & b^2 & 0 \\ 0 & 0 & c^2 \end{pmatrix}$

$$\begin{pmatrix} a & 0 & 0 \\ 0 & b & 0 \\ 0 & 0 & c \end{pmatrix}^3 = \begin{pmatrix} a^2 & 0 & 0 \\ 0 & b^2 & 0 \\ 0 & 0 & c^2 \end{pmatrix}\begin{pmatrix} a & 0 & 0 \\ 0 & b & 0 \\ 0 & 0 & c \end{pmatrix} = \begin{pmatrix} a^3 & 0 & 0 \\ 0 & b^3 & 0 \\ 0 & 0 & c^3 \end{pmatrix}$$

由归纳法得 $\begin{pmatrix} a & 0 & 0 \\ 0 & b & 0 \\ 0 & 0 & c \end{pmatrix}^n = \begin{pmatrix} a^n & 0 & 0 \\ 0 & b^n & 0 \\ 0 & 0 & c^2 \end{pmatrix}(n=1, 2, \cdots)$

6. 设 $\boldsymbol{A}=\begin{pmatrix} -1 & 3 & 1 \\ 0 & 4 & 2 \end{pmatrix}$，$\boldsymbol{B}=\begin{pmatrix} 4 & 1 \\ 2 & 5 \\ 3 & 4 \end{pmatrix}$，求 $3\boldsymbol{A}-2\boldsymbol{B}^{\mathrm{T}}$，$(\boldsymbol{AB})^{\mathrm{T}}$。

解 $3\boldsymbol{A}-2\boldsymbol{B}^{\mathrm{T}}=\begin{pmatrix} -3 & 9 & 3 \\ 0 & 12 & 6 \end{pmatrix}-\begin{pmatrix} 8 & 4 & 6 \\ 2 & 10 & 8 \end{pmatrix}=\begin{pmatrix} -11 & 5 & -3 \\ -2 & 2 & -2 \end{pmatrix}$

$$(\boldsymbol{AB})^{\mathrm{T}}=\begin{pmatrix} 5 & 18 \\ 14 & 28 \end{pmatrix}^{\mathrm{T}}=\begin{pmatrix} 5 & 14 \\ 18 & 28 \end{pmatrix}$$

7. 设 $\boldsymbol{A}=\begin{pmatrix} 2 & 1 & -1 \\ 0 & 2 & 1 \end{pmatrix}$，$\boldsymbol{B}=\begin{pmatrix} 1 & 0 & 1 \\ 0 & 1 & -1 \end{pmatrix}$，求 $|\boldsymbol{AB}^{\mathrm{T}}|$，$|\boldsymbol{B}^{\mathrm{T}}\boldsymbol{A}|$。

解 因为 $\boldsymbol{AB}^{\mathrm{T}}=\begin{pmatrix} 2 & 1 & -1 \\ 0 & 2 & 1 \end{pmatrix}\begin{pmatrix} 1 & 0 \\ 0 & 1 \\ 1 & -1 \end{pmatrix}=\begin{pmatrix} 1 & 2 \\ 1 & 1 \end{pmatrix}$，所以 $|\boldsymbol{AT}^{\mathrm{T}}|=-1$。

$\boldsymbol{B}^{\mathrm{T}}A=\begin{pmatrix} 1 & 0 \\ 0 & 1 \\ 1 & -1 \end{pmatrix}\begin{pmatrix} 2 & 1 & -1 \\ 0 & 2 & 1 \end{pmatrix}=\begin{pmatrix} 2 & 1 & -1 \\ 0 & 2 & 1 \\ 2 & -1 & -2 \end{pmatrix}$，所以 $|\boldsymbol{B}^{\mathrm{T}}\boldsymbol{A}|=0$。

8. 设矩阵 $\boldsymbol{A}$ 为三阶矩阵，且已知 $|\boldsymbol{A}|=k$，求 $|-k\boldsymbol{A}|$。

解 由行列式的性质可知，$|-k\boldsymbol{A}|=(-k)^3|\boldsymbol{A}|=-k^4$

9. 设 $\boldsymbol{A}$，$\boldsymbol{B}$ 都是 n 阶对称矩阵，证明 $\boldsymbol{AB}$ 是对称矩阵的充分必要条件是 $\boldsymbol{AB}=\boldsymbol{BA}$。

解 由题设得，$\boldsymbol{A}^{\mathrm{T}}=\boldsymbol{A}$，$\boldsymbol{B}^{\mathrm{T}}=\boldsymbol{B}$。

若 $\boldsymbol{AB}=\boldsymbol{BA}$，有 $(\boldsymbol{AB})^{\mathrm{T}}=\boldsymbol{B}^{\mathrm{T}}\boldsymbol{A}^{\mathrm{T}}=\boldsymbol{BA}=\boldsymbol{AB}$，故 $\boldsymbol{AB}$ 是对称矩阵。

若 $\boldsymbol{AB}$ 是对称矩阵，有$(\boldsymbol{AB})^{\mathrm{T}}=\boldsymbol{AB}$，故$(\boldsymbol{AB})^{\mathrm{T}}=\boldsymbol{B}^{\mathrm{T}}\boldsymbol{A}^{\mathrm{T}}=\boldsymbol{BA}$。

所以，$\boldsymbol{AB}=\boldsymbol{BA}$。

习 题 2-3

1. 判断下列方阵 $\boldsymbol{A}$ 是否为可逆矩阵，如果是可逆矩阵，求其逆矩阵。

(2) $\begin{pmatrix} 2 & 2 & 3 \\ 1 & -1 & 0 \\ -1 & 2 & 1 \end{pmatrix}$　　(4) $\begin{pmatrix} 1 & 1 & -6 \\ -1 & 0 & 3 \\ 1 & 2 & -1 \end{pmatrix}$

解 (2) 因为 $|\boldsymbol{A}|=\begin{vmatrix} 2 & 2 & 3 \\ 1 & -1 & 0 \\ -1 & 2 & 1 \end{vmatrix}=-1\neq 0$，所以 $\boldsymbol{A}$ 是可逆矩阵。

又 $\boldsymbol{A}^{*}=\begin{pmatrix} -1 & 4 & 3 \\ -1 & 5 & 3 \\ 1 & -6 & -4 \end{pmatrix}$，所以 $\boldsymbol{A}^{-1}=\dfrac{1}{|\boldsymbol{A}|}\boldsymbol{A}^{*}=\begin{pmatrix} 1 & -4 & -3 \\ 1 & -5 & -3 \\ -1 & 6 & 4 \end{pmatrix}$。

(4) 因为 $|\boldsymbol{A}|=\begin{vmatrix} 1 & 1 & -6 \\ -1 & 0 & 3 \\ 1 & 2 & -1 \end{vmatrix}=8\neq 0$，所以 $\boldsymbol{A}$ 是可逆矩阵。

$\boldsymbol{A}^{*}=\begin{pmatrix} -6 & -11 & 3 \\ 2 & 5 & 3 \\ -2 & -1 & 1 \end{pmatrix}$，所以 $\boldsymbol{A}^{-1}=\dfrac{1}{|\boldsymbol{A}|}\boldsymbol{A}^{*}=\begin{pmatrix} -\frac{3}{4} & -\frac{11}{8} & \frac{3}{8} \\ \frac{1}{4} & \frac{5}{8} & \frac{3}{8} \\ -\frac{1}{4} & -\frac{1}{8} & \frac{1}{8} \end{pmatrix}$。

2. 用逆矩阵求下列矩阵方程的未知矩阵 $\boldsymbol{X}$。

(1) $\begin{pmatrix} 1 & 1 & -1 \\ -2 & 1 & 1 \\ 1 & 1 & 1 \end{pmatrix}\boldsymbol{X}=\begin{pmatrix} 2 \\ 3 \\ 6 \end{pmatrix}$　　(3) $\begin{pmatrix} 1 & 3 \\ 2 & 4 \end{pmatrix}\boldsymbol{X}\begin{pmatrix} 2 & 3 \\ 1 & 5 \end{pmatrix}=\begin{pmatrix} 1 & 2 \\ 1 & 3 \end{pmatrix}$

解 (1) 因为 $|\boldsymbol{A}|=\begin{vmatrix} 1 & 1 & -1 \\ -2 & 1 & 1 \\ 1 & 1 & 1 \end{vmatrix}=6\neq 0$，$\boldsymbol{A}^{*}=\begin{pmatrix} 0 & -2 & 2 \\ 3 & 2 & 1 \\ -3 & 0 & 3 \end{pmatrix}$

因而 $\boldsymbol{A}^{-1}=\frac{1}{6}\begin{pmatrix}0 & -2 & 2\\ 3 & 2 & 1\\ -3 & 0 & 3\end{pmatrix}=\begin{pmatrix}0 & -\frac{1}{3} & \frac{1}{3}\\ \frac{1}{2} & \frac{1}{3} & \frac{1}{6}\\ -\frac{1}{2} & 0 & \frac{1}{2}\end{pmatrix}$

所以 $\boldsymbol{X}=\begin{pmatrix}0 & -\frac{1}{3} & \frac{1}{3}\\ \frac{1}{2} & \frac{1}{3} & \frac{1}{6}\\ -\frac{1}{2} & 0 & \frac{1}{2}\end{pmatrix}\begin{pmatrix}2\\3\\6\end{pmatrix}=\begin{pmatrix}1\\3\\2\end{pmatrix}$

(3) $\begin{vmatrix}1 & 3\\ 2 & 4\end{vmatrix}=-2$，$\begin{pmatrix}1 & 3\\ 2 & 4\end{pmatrix}^{-1}=\begin{pmatrix}-2 & \frac{3}{2}\\ 1 & -\frac{1}{2}\end{pmatrix}$

$\begin{vmatrix}2 & 3\\ 1 & 5\end{vmatrix}=7$，$\begin{pmatrix}2 & 3\\ 1 & 5\end{pmatrix}^{-1}=\begin{pmatrix}\frac{5}{7} & -\frac{3}{7}\\ -\frac{1}{7} & \frac{2}{7}\end{pmatrix}$

$$\boldsymbol{X}=\begin{pmatrix}1 & 3\\ 2 & 4\end{pmatrix}^{-1}\begin{pmatrix}1 & 2\\ 1 & 3\end{pmatrix}\begin{pmatrix}2 & 3\\ 1 & 5\end{pmatrix}^{-1}=\begin{pmatrix}-2 & \frac{3}{2}\\ 1 & -\frac{1}{2}\end{pmatrix}\begin{pmatrix}1 & 2\\ 1 & 3\end{pmatrix}\begin{pmatrix}\frac{5}{7} & -\frac{3}{7}\\ -\frac{1}{7} & \frac{2}{7}\end{pmatrix}$$
$$=\begin{pmatrix}-\frac{3}{7} & \frac{5}{14}\\ \frac{2}{7} & -\frac{1}{14}\end{pmatrix}$$

3. 用逆矩阵解下列线性方程组。

(3) $\begin{cases}x_1+3x_2+x_3=5\\ x_1+x_2+5x_3=-7\\ 2x_1+3x_2-3x_3=14\end{cases}$

解 (3) $|\boldsymbol{A}|=\begin{vmatrix}1 & 3 & 1\\ 1 & 1 & 5\\ 2 & 3 & -3\end{vmatrix}=22$，$\boldsymbol{A}^*=\begin{pmatrix}-18 & 12 & 14\\ 13 & -5 & -4\\ 1 & 3 & -2\end{pmatrix}$

所以方程组的解为

$$\begin{pmatrix}x_1\\x_2\\x_3\end{pmatrix}=\begin{pmatrix}1&3&1\\1&1&5\\2&3&-3\end{pmatrix}^{-1}\begin{pmatrix}5\\-7\\14\end{pmatrix}=\frac{1}{22}\begin{pmatrix}-18&12&14\\13&-5&-4\\1&3&-2\end{pmatrix}\begin{pmatrix}5\\-7\\14\end{pmatrix}=\begin{pmatrix}1\\2\\-2\end{pmatrix}$$

4. 已知线性变换$\begin{cases}x_1=2y_1+2y_2+\ y_3\\x_2=3y_1+\ y_2+5y_3\\x_3=3y_1+2y_2+3y_3\end{cases}$，求从变量$x_1,x_2,x_3$到变量$y_1,y_2,y_3$的线性变换(即逆变换)。

解 由题设可得$\begin{pmatrix}x_1\\x_2\\x_3\end{pmatrix}=\begin{pmatrix}2&2&1\\3&1&5\\3&2&3\end{pmatrix}\begin{pmatrix}y_1\\y_2\\y_3\end{pmatrix}$，所以

$$\begin{pmatrix}y_1\\y_2\\y_3\end{pmatrix}=\begin{pmatrix}2&2&1\\3&1&5\\3&2&3\end{pmatrix}^{-1}\begin{pmatrix}x_1\\x_2\\x_3\end{pmatrix}=\begin{pmatrix}-7&-4&9\\6&3&-7\\3&2&-4\end{pmatrix}\begin{pmatrix}x_1\\x_2\\x_3\end{pmatrix}$$

则所求线性变换为$\begin{cases}y_1=-7x_1-4x_2+9x_3\\y_2=\ \ \ 6x_1+3x_2-7x_3\\y_3=\ \ \ 3x_1+2x_2-4x_3\end{cases}$

5. 设矩阵$\boldsymbol{A}$是可逆矩阵，证明其伴随矩阵$\boldsymbol{A}^*$也是可逆矩阵，且$(\boldsymbol{A}^*)^{-1}=\frac{1}{|\boldsymbol{A}|}\boldsymbol{A}$。

证 因为$\boldsymbol{A}^*\boldsymbol{A}=\boldsymbol{A}\boldsymbol{A}^*=|\boldsymbol{A}|\boldsymbol{E}$，又$|\boldsymbol{A}|\neq 0$

所以$\boldsymbol{A}^*\left(\frac{1}{|\boldsymbol{A}|}\boldsymbol{A}\right)=\left(\frac{1}{|\boldsymbol{A}|}\boldsymbol{A}\right)\boldsymbol{A}^*=\boldsymbol{E}$，故$\boldsymbol{A}^*$是可逆矩阵，且$(\boldsymbol{A}^*)^{-1}=\frac{1}{|\boldsymbol{A}|}\boldsymbol{A}$.

6. 设$\boldsymbol{A}$是3阶方阵，$\boldsymbol{A}^*$是$\boldsymbol{A}$的伴随矩阵，若$|\boldsymbol{A}|=2$，求$|\boldsymbol{A}^*|$。

解 由$\boldsymbol{A}^*\boldsymbol{A}=\boldsymbol{A}\boldsymbol{A}^*=|\boldsymbol{A}|\boldsymbol{E}$，得$|\boldsymbol{A}^*|\cdot|\boldsymbol{A}|=|\boldsymbol{A}|^3$，得

$$|\boldsymbol{A}^*|=|\boldsymbol{A}|^2=4$$

习 题 2-4

3. 用矩阵的分块方法计算$\boldsymbol{AB}$，其中，

$$A=\begin{pmatrix}4&-5&7&0&0\\-1&2&6&0&0\\-3&1&8&0&0\\0&0&0&5&0\\0&0&0&0&5\end{pmatrix},B\begin{pmatrix}3&0&0&0&0\\0&3&0&0&0\\0&0&3&0&0\\0&0&0&-1&3\\0&0&0&9&4\end{pmatrix}$$

解 $A=\begin{pmatrix}A_1&O\\O&5E\end{pmatrix},B=\begin{pmatrix}3E&O\\O&B_1\end{pmatrix},A_1=\begin{pmatrix}4&-5&7\\-1&2&6\\-3&1&8\end{pmatrix},B_1=\begin{pmatrix}-1&3\\9&4\end{pmatrix}$

则

$$AB=\begin{pmatrix}3A_1E+O&A_1O+OB_1\\O3E+5EO&O+5EB_1\end{pmatrix}=\begin{pmatrix}3A_1&O\\O&5B_1\end{pmatrix}$$

$$=\begin{pmatrix}12&-15&21&0&0\\-3&6&18&0&0\\-9&3&24&0&0\\0&0&0&-5&15\\0&0&0&45&20\end{pmatrix}$$

5. 用矩阵分块的方法求下列矩阵的逆矩阵。

(1) $\begin{pmatrix}5&2&0&0\\2&1&0&0\\0&0&8&3\\0&0&5&2\end{pmatrix}$

解 (1) $\begin{pmatrix}5&2&0&0\\2&1&0&0\\0&0&8&3\\0&0&5&2\end{pmatrix}=\begin{pmatrix}\begin{pmatrix}5&2\\2&1\end{pmatrix}^{-1}&\begin{pmatrix}0&0\\0&0\end{pmatrix}\\\begin{pmatrix}0&0\\0&0\end{pmatrix}&\begin{pmatrix}8&3\\5&2\end{pmatrix}^{-1}\end{pmatrix}=\begin{pmatrix}1&-2&0&0\\-2&5&0&0\\0&0&2&-3\\0&0&-5&8\end{pmatrix}$

7. 设 A 是可逆方阵，证明下列等式。

(1) $\begin{pmatrix}A&E\\E&A^{-1}\end{pmatrix}\begin{pmatrix}A^{-1}&E\\E&A\end{pmatrix}=2\begin{pmatrix}E&A\\A^{-1}&E\end{pmatrix}$

证 (1) $\begin{pmatrix}A&E\\E&A^{-1}\end{pmatrix}\begin{pmatrix}A^{-1}&E\\E&A\end{pmatrix}=\begin{pmatrix}AA^{-1}+E&A+A\\A^{-1}+A^{-1}&E+A^{-1}A\end{pmatrix}=2\begin{pmatrix}E&A\\A^{-1}&E\end{pmatrix}$

习 题 2-5

1. 将下列矩阵化为行阶梯形矩阵。

(1) $\begin{pmatrix}-1 & 7 & 4 & 5\\ -2 & 10 & 2 & 3\\ 0 & 4 & 6 & 7\\ 1 & 1 & 8 & 9\end{pmatrix}$　　(2) $\begin{pmatrix}2 & 0 & 1 & 3\\ 0 & -1 & -5 & 5\\ 2 & 1 & 8 & 3\\ 2 & -2 & -17 & -7\end{pmatrix}$

解 (1) $\boldsymbol{A}\xrightarrow[r_4+r_1]{r_2-2r_1}\begin{pmatrix}-1 & 7 & 4 & 5\\ 0 & -4 & -6 & -7\\ 0 & 4 & 6 & 7\\ 0 & 8 & 12 & 14\end{pmatrix}\xrightarrow[r_4+2r_2]{r_3+r_2}\begin{pmatrix}-1 & 7 & 4 & 5\\ 0 & -4 & -6 & -7\\ 0 & 0 & 0 & 0\\ 0 & 0 & 0 & 0\end{pmatrix}$

(2) $\boldsymbol{A}\xrightarrow[r_4-r_1]{r_3-r_1}\begin{pmatrix}2 & 0 & 1 & 3\\ 0 & -1 & -5 & 5\\ 0 & 1 & 7 & 0\\ 0 & -2 & -16 & -10\end{pmatrix}\xrightarrow[r_4-2r_2]{r_3+r_2}\begin{pmatrix}2 & 0 & 1 & 3\\ 0 & -1 & -5 & 5\\ 0 & 0 & 2 & 5\\ 0 & 0 & -6 & -20\end{pmatrix}$

$\xrightarrow{r_4+3r_3}\begin{pmatrix}2 & 0 & 1 & 3\\ 0 & -1 & -5 & 5\\ 0 & 0 & 2 & 5\\ 0 & 0 & 0 & -5\end{pmatrix}$

2. 将下列矩阵化为行最简阶梯形矩阵

(2) $\begin{pmatrix}2 & 4 & -2 & 0\\ 1 & 0 & 1 & 2\\ -3 & 1 & 5 & -3\end{pmatrix}$

解 (2) $\boldsymbol{A}\xrightarrow{r_1\leftrightarrow r_2}\begin{pmatrix}1 & 0 & 1 & 2\\ 2 & 4 & -2 & 0\\ -3 & 1 & 5 & -3\end{pmatrix}\xrightarrow[r_3+3r_1]{r_2-2r_1}\begin{pmatrix}1 & 0 & 1 & 2\\ 0 & 4 & -4 & -4\\ 0 & 1 & 8 & 3\end{pmatrix}$

$\xrightarrow{\frac{1}{4}r_2}\begin{pmatrix}1 & 0 & 1 & 2\\ 0 & 1 & -1 & -1\\ 0 & 1 & 8 & 3\end{pmatrix}\xrightarrow{r_3-r_2}\begin{pmatrix}1 & 0 & 1 & 2\\ 0 & 1 & -1 & -1\\ 0 & 0 & 9 & 4\end{pmatrix}$

$$\xrightarrow{\frac{1}{9}r_3}\begin{pmatrix}1 & 0 & 1 & 2\\ 0 & 1 & -1 & -1\\ 0 & 0 & 1 & \frac{4}{9}\end{pmatrix}\xrightarrow[r_2+r_3]{r_1-r_3}\begin{pmatrix}1 & 0 & 0 & \frac{14}{9}\\ 0 & 1 & 0 & -\frac{5}{9}\\ 0 & 0 & 1 & \frac{4}{9}\end{pmatrix}$$

3. 把下列矩阵化为标准形矩阵。

(1) $\begin{pmatrix}1 & -1 & 2\\ 3 & -3 & 1\\ -2 & 2 & -4\end{pmatrix}$

解 (1) $\begin{pmatrix}1 & -1 & 2\\ 3 & -3 & 1\\ -2 & 2 & -4\end{pmatrix}\xrightarrow[r_3+2r_1]{r_2-3r_1}\begin{pmatrix}1 & -1 & 2\\ 0 & 0 & -5\\ 0 & 0 & 0\end{pmatrix}\xrightarrow[\substack{c_3-2c_1\\ -\frac{1}{5}r_2}]{c_2+c_1}\begin{pmatrix}1 & 0 & 0\\ 0 & 0 & 1\\ 0 & 0 & 0\end{pmatrix}$

$$\xrightarrow{c_2\leftrightarrow c_3}\begin{pmatrix}1 & 0 & 0\\ 0 & 1 & 0\\ 0 & 0 & 0\end{pmatrix}$$

习 题 2-6

1. 求下列矩阵的秩。

(2) $\begin{pmatrix}1 & 1 & 7 & 3\\ 2 & -1 & 5 & -6\\ 1 & 0 & 4 & -1\end{pmatrix}$

解 (2) $\boldsymbol{A}=\begin{pmatrix}1 & 1 & 7 & 3\\ 2 & -1 & 5 & -6\\ 1 & 0 & 4 & -1\end{pmatrix}\xrightarrow[r_3-r_1]{r_2-2r_1}\begin{pmatrix}1 & 1 & 7 & 3\\ 0 & -3 & -9 & -12\\ 0 & -1 & -3 & -4\end{pmatrix}$

$$\xrightarrow{\left(-\frac{1}{3}\right)r_2}\begin{pmatrix}1 & 1 & 7 & 3\\ 0 & 1 & 3 & 4\\ 0 & -1 & -3 & -4\end{pmatrix}\xrightarrow{r_3+r_2}\begin{pmatrix}1 & 1 & 7 & 3\\ 0 & 1 & 3 & 4\\ 0 & 0 & 0 & 0\end{pmatrix}$$

所以$\boldsymbol{R}(\boldsymbol{A})=2$。

2. 求下列矩阵的秩，并求一个最高阶非零子式。

(1) $\begin{pmatrix} 3 & 3 & -14 & -29 \\ 1 & 1 & 4 & -1 \\ -1 & -1 & 2 & 7 \end{pmatrix}$

解 (1) $\begin{pmatrix} 3 & 3 & -14 & -29 \\ 1 & 1 & 4 & -1 \\ -1 & -1 & 2 & 7 \end{pmatrix} \xrightarrow{r_2 \leftrightarrow r_1} \begin{pmatrix} 1 & 1 & 4 & -1 \\ 3 & 3 & -14 & -29 \\ -1 & -1 & 2 & 7 \end{pmatrix}$

$$\xrightarrow[r_3+r_1]{r_2-3r_1} \begin{pmatrix} 1 & 1 & 4 & -1 \\ 0 & 0 & -26 & -26 \\ 0 & 0 & 6 & 6 \end{pmatrix} \xrightarrow{-\frac{1}{26}r_2} \begin{pmatrix} 1 & 1 & 4 & -1 \\ 0 & 0 & 1 & 1 \\ 0 & 0 & 6 & 6 \end{pmatrix}$$

$$\xrightarrow[r_3-6r_2]{r_1-4r_2} \begin{pmatrix} 1 & 1 & 0 & -5 \\ 0 & 0 & 1 & 1 \\ 0 & 0 & 0 & 0 \end{pmatrix}$$

所以,其秩为 2。取第 1、第 2 行与第 1、第 3 列,得一个 2 阶子式 $\begin{vmatrix} 3 & -14 \\ 1 & 4 \end{vmatrix} = 26 \neq 0$。

3. 设矩阵 $\boldsymbol{A} = \begin{pmatrix} 1 & \lambda & -1 & 2 \\ 2 & -1 & \lambda & 5 \\ 1 & 10 & -6 & 1 \end{pmatrix}$,其中 λ 为参数,求矩阵 $\boldsymbol{A}$ 的秩 $\boldsymbol{R}(\boldsymbol{A})$。

解 $\boldsymbol{A} = \begin{pmatrix} 1 & \lambda & -1 & 2 \\ 2 & -1 & \lambda & 5 \\ 1 & 10 & -6 & 1 \end{pmatrix} \xrightarrow{r_1 \leftrightarrow r_3} \begin{pmatrix} 1 & 10 & -6 & 1 \\ 2 & -1 & \lambda & 5 \\ 1 & \lambda & -1 & 2 \end{pmatrix}$

$$\xrightarrow[r_3-r_1]{r_2-2r_1} \begin{pmatrix} 1 & 10 & -6 & 1 \\ 0 & -21 & \lambda+12 & 3 \\ 0 & \lambda-10 & 5 & 1 \end{pmatrix}$$

$$\xrightarrow{r_4+\frac{\lambda-10}{21}r_2} \begin{pmatrix} 1 & 10 & -6 & 1 \\ 0 & -21 & \lambda+12 & 3 \\ 0 & 0 & \frac{1}{21}(\lambda-3)(\lambda+5) & \frac{1}{7}(\lambda-3) \end{pmatrix}$$

所以,当 $\lambda=3$ 时,$\boldsymbol{R}(\boldsymbol{A})=2$;当 $\lambda \neq 3$ 时,$\boldsymbol{R}(\boldsymbol{A})=3$。

复习题二

3. 设 $\boldsymbol{A}=\begin{pmatrix}3&0&7\\0&2&1\\1&6&0\end{pmatrix}$，$\boldsymbol{B}=\begin{pmatrix}0&4&2\\0&-1&0\\1&0&6\end{pmatrix}$，$\boldsymbol{C}=\begin{pmatrix}1&0&4\\-1&1&6\\2&0&6\end{pmatrix}$。

(1) 若 $\boldsymbol{A}-3(\boldsymbol{B}-\boldsymbol{X})=\boldsymbol{X}-\boldsymbol{C}$，求矩阵 $\boldsymbol{X}$。(2) 求 $\boldsymbol{ABC}^{\mathrm{T}}$。

解 (1) $\boldsymbol{X}=\dfrac{1}{2}(3\boldsymbol{B}-\boldsymbol{A}-\boldsymbol{C})=\dfrac{1}{2}\begin{pmatrix}-4&12&-5\\1&-6&-7\\0&-6&12\end{pmatrix}=\begin{pmatrix}-2&6&-\frac{5}{2}\\\frac{1}{2}&-3&-\frac{7}{2}\\0&-3&6\end{pmatrix}$

(2) $\boldsymbol{ABC}^{\mathrm{T}}=\begin{pmatrix}7&12&48\\1&-2&6\\0&-2&2\end{pmatrix}\begin{pmatrix}1&-1&2\\0&1&0\\4&6&6\end{pmatrix}=\begin{pmatrix}199&293&302\\25&33&38\\8&10&12\end{pmatrix}$

5. 设 $\boldsymbol{A}=\begin{pmatrix}2&1&-1\\2&1&0\\1&-1&1\end{pmatrix}$，$\boldsymbol{B}=\begin{pmatrix}1&-1&3\\4&3&2\end{pmatrix}$，求满足 $\boldsymbol{XA}=\boldsymbol{B}$ 的矩阵 $\boldsymbol{X}$。

解 $|\boldsymbol{A}|=\begin{vmatrix}2&1&-1\\2&1&0\\1&-1&1\end{vmatrix}=3\neq0$，$\boldsymbol{A}^{-1}=\begin{pmatrix}\frac{1}{3}&0&\frac{1}{3}\\-\frac{1}{3}&1&-\frac{2}{3}\\-1&1&0\end{pmatrix}$，所以

$$\boldsymbol{X}=\boldsymbol{BA}^{-1}=\begin{pmatrix}1&-1&3\\4&3&2\end{pmatrix}\begin{pmatrix}\frac{1}{3}&0&\frac{1}{3}\\-\frac{2}{3}&1&-\frac{2}{3}\\-1&1&0\end{pmatrix}=\begin{pmatrix}-2&2&1\\-\frac{8}{3}&5&-\frac{2}{3}\end{pmatrix}$$

7. 已知 $\boldsymbol{A}=\begin{pmatrix}-1&0&2&0\\0&-1&0&2\\0&0&4&3\end{pmatrix}$，$\boldsymbol{B}=\begin{pmatrix}2&0&-1\\1&1&0\\0&1&0\\0&0&1\end{pmatrix}$，用分块矩阵方法求 $\boldsymbol{AB}$。

解　$\boldsymbol{A}=\begin{pmatrix}-\boldsymbol{E} & 2\boldsymbol{E}\\ \boldsymbol{O} & \boldsymbol{A}_1\end{pmatrix}$，$\boldsymbol{B}=\begin{pmatrix}\boldsymbol{B}_1 & \boldsymbol{B}_2\\ \boldsymbol{O} & \boldsymbol{E}\end{pmatrix}$，$\boldsymbol{A}_1=(4,\ 3)$，$\boldsymbol{B}_1=\begin{pmatrix}2\\1\end{pmatrix}$，

$$\boldsymbol{B}_2=\begin{pmatrix}0 & -1\\ 1 & 0\end{pmatrix}$$

$$\boldsymbol{AB}=\begin{pmatrix}-\boldsymbol{EB}_1+2\boldsymbol{EO} & -\boldsymbol{EB}_2+2\boldsymbol{EE}\\ \boldsymbol{OB}_1+\boldsymbol{A}_1\boldsymbol{O} & \boldsymbol{OB}_1+\boldsymbol{A}_1\boldsymbol{E}\end{pmatrix}=\begin{pmatrix}-\boldsymbol{B}_1 & -\boldsymbol{B}_2+2\boldsymbol{E}\\ \boldsymbol{O} & \boldsymbol{A}_1\end{pmatrix}$$

$$=\begin{pmatrix}-2 & 2 & 1\\ -1 & -1 & 2\\ 0 & 4 & 3\end{pmatrix}$$

10. 求矩阵$\boldsymbol{A}=\begin{pmatrix}1 & 4 & 1 & 0\\ 2 & 1 & -1 & -3\\ 1 & 0 & -3 & -1\\ 0 & 2 & -6 & 3\end{pmatrix}$的秩。

解　$$\boldsymbol{A}\xrightarrow[r_3-r_1]{r_2-2r_1}\begin{pmatrix}1 & 4 & 1 & 0\\ 0 & -7 & -3 & -3\\ 0 & -4 & -4 & -1\\ 0 & 2 & -6 & 3\end{pmatrix}\xrightarrow{r_2\leftrightarrow r_4}\begin{pmatrix}1 & 4 & 1 & 0\\ 0 & 2 & -6 & 3\\ 0 & -4 & -4 & -1\\ 0 & -7 & -3 & -3\end{pmatrix}$$

$$\xrightarrow[r_4+\frac{7}{2}r_2]{r_3+2r_2}\begin{pmatrix}1 & 4 & 1 & 0\\ 0 & 2 & -6 & 3\\ 0 & 0 & -16 & 5\\ 0 & 0 & -24 & \frac{15}{2}\end{pmatrix}\xrightarrow{r_4-\frac{3}{2}r_3}\begin{pmatrix}1 & 4 & 1 & 0\\ 0 & 2 & -6 & 3\\ 0 & 0 & -16 & 5\\ 0 & 0 & 0 & 0\end{pmatrix}$$

所以$\boldsymbol{R}(\boldsymbol{A})=3$。

11. 已知$\boldsymbol{A}=\begin{pmatrix}1 & -1 & 2 & 1\\ -1 & a & 2 & 1\\ 3 & 1 & b & -1\end{pmatrix}$，且矩阵的秩$\boldsymbol{R}(\boldsymbol{A})=2$，求$a$，$b$的值。

解　$$\boldsymbol{A}=\begin{pmatrix}1 & -1 & 2 & 1\\ -1 & a & 2 & 1\\ 3 & 1 & b & -1\end{pmatrix}\xrightarrow[r_3-3r_1]{r_2+r_1}\begin{pmatrix}1 & -1 & 2 & 1\\ 0 & a-1 & 4 & 2\\ 0 & 4 & b-6 & -4\end{pmatrix}$$

$$\xrightarrow{r_2\leftrightarrow r_3}\begin{pmatrix}1 & -1 & 2 & 1\\ 0 & 4 & b-6 & -4\\ 0 & a-1 & 4 & 2\end{pmatrix}$$

$$\xrightarrow{r_3-\frac{a-1}{4}r_2}\begin{pmatrix}1 & -1 & 2 & 1\\ 0 & 4 & b-6 & -4\\ 0 & 0 & \frac{(a-1)(b-6)}{-4}+4 & a+1\end{pmatrix}$$

因为$\boldsymbol{R}(\boldsymbol{A})=2$，所以$\frac{(a-1)(b-6)}{-4}+4=0$，$a+1=0$。

故$a=-1$，$b=-2$。

第四节　测试题及其解答

一、测　试　题

(一) A　卷

1. 选择题。

(1) 已知$m\times n$矩阵$\boldsymbol{A}$，$n\times m$矩阵$\boldsymbol{B}$，且$m\neq n$，则下列(　　)运算结果为n阶方阵。

A. $\boldsymbol{BA}$　　B. $(\boldsymbol{AB})^{\mathrm{T}}$　　C. $\boldsymbol{AB}$　　D. $\boldsymbol{B}^{\mathrm{T}}\boldsymbol{A}^{\mathrm{T}}$

(2) 设同阶方阵$\boldsymbol{A}$，$\boldsymbol{B}$，$\boldsymbol{C}$满足$\boldsymbol{AB}=\boldsymbol{AC}$，则必有(　　)。

A. $\boldsymbol{A}=0$或$\boldsymbol{B}=\boldsymbol{C}$　　B. $\boldsymbol{A}=0$且$\boldsymbol{B}=\boldsymbol{C}$

C. $|\boldsymbol{A}|=0$或$|\boldsymbol{B}|=|\boldsymbol{C}|$　　D. $|\boldsymbol{A}|=0$且$|\boldsymbol{B}|=|\boldsymbol{C}|$

(3) 设矩阵$\boldsymbol{A}$，$\boldsymbol{B}$满足$\boldsymbol{AB}=\boldsymbol{E}$，则(　　)。

A. $\boldsymbol{A}^{\mathrm{T}}\boldsymbol{B}^{\mathrm{T}}=\boldsymbol{E}$　　B. $\boldsymbol{BA}=\boldsymbol{E}$

C. $\boldsymbol{B}^{\mathrm{T}}\boldsymbol{A}^{\mathrm{T}}=\boldsymbol{E}$　　D. 都不对

2. 填空题。

(1) $2\begin{pmatrix}2 & -1 & 2\\ 5 & 3 & 1\\ 1 & 0 & 0\end{pmatrix}+$________$=\begin{pmatrix}1 & 2 & 0\\ 3 & 1 & 1\\ 0 & -1 & 2\end{pmatrix}$。

(2) $\boldsymbol{A}=\begin{pmatrix}2 & 5\\ 1 & 3\end{pmatrix}$，$\boldsymbol{B}=\begin{pmatrix}3 & -5\\ -1 & 2\end{pmatrix}$，则$\boldsymbol{AB}-\boldsymbol{BA}=$________。

(3) $A=\begin{pmatrix}2&0&-1\\1&3&2\end{pmatrix}$, $B=\begin{pmatrix}1&7&-1\\4&2&3\\2&0&1\end{pmatrix}$,则$(AB)^{\mathrm{T}}=$ ________。

3. 已知$A(B-E)=B$,其中$B=\begin{pmatrix}1&-2&0\\2&1&0\\0&0&2\end{pmatrix}$,求矩阵$A$。

4. 设$A=\begin{pmatrix}-1&1&1&-1\\1&-1&-1&1\\1&-1&-1&1\\-1&1&1&-1\end{pmatrix}$,求$A^{100}$。

5. 已知$A=\begin{pmatrix}3&1&0\\-1&2&1\\3&4&2\end{pmatrix}$, $B=\begin{pmatrix}1&1&2\\-1&2&1\\3&-2&2\end{pmatrix}$,求满足方程$3A-2X=B$的矩阵$X$。

6. 设$A=\begin{pmatrix}1&0&1\\0&2&0\\1&0&1\end{pmatrix}$,求满足$AX-X+E=A^2$的矩阵$X$。

7. 设$A=\begin{pmatrix}1&-3&0\\2&1&0\\0&0&2\end{pmatrix}$, $B=\begin{pmatrix}1&-1&2\\0&1&1\end{pmatrix}$,求满足$XA=B$的矩阵$X$。

8. 求矩阵$A=\begin{pmatrix}1&0&3&1\\2&1&7&4\\-1&2&1&3\end{pmatrix}$的秩。

9. 设$A=\begin{pmatrix}1&2&3&a&5\\2&6&7&2a&10-b\\0&-2&-1&2a+b-4&a+1\\1&4&4&a&5-b\end{pmatrix}$,试确定$a$和$b$的值,使$R(A)=2$。

(二) B 卷

1. 单项选择题。

(1) 设有3×2矩阵A,2×3矩阵B,3×5矩阵C,下列(　　)运算可行。

A. BC　　B. BAC　　C. AC　　D. $AB-BC$

(2) 设$\boldsymbol{A}$是4阶方阵,且$|\boldsymbol{A}|=a$,则$|3\boldsymbol{A}|=$(　　)。

A. 4^3a　　B. $2a$　　C. $4a$　　D. 3^4a

(3) 设方阵$\boldsymbol{A}$满足$\boldsymbol{A}^2=0$,则必有(　　)。

A. $\boldsymbol{A}=0$　　B. $\boldsymbol{A}\boldsymbol{A}^{\mathrm{T}}=0$　　C. $\boldsymbol{A}\boldsymbol{A}^*=0$　　D. $\boldsymbol{A}^{\mathrm{T}}\boldsymbol{A}^*=0$

2. 填空题。

(1) $\boldsymbol{A}=\begin{pmatrix}2&1&1\\3&1&2\\-1&0&2\end{pmatrix}$, $\boldsymbol{B}=\begin{pmatrix}1&2&3\\4&-1&2\\-2&1&2\end{pmatrix}$,且$3\boldsymbol{A}+2\boldsymbol{X}=\boldsymbol{B}$,则$\boldsymbol{X}=$________。

(2) 设$\boldsymbol{A}=\begin{pmatrix}1&2\\4&3\end{pmatrix}$, $\boldsymbol{B}=\begin{pmatrix}x&1\\2&y\end{pmatrix}$,则$\boldsymbol{AB}=\boldsymbol{BC}$成立的充分必要的条件是________。

(3) $\boldsymbol{A}=\begin{pmatrix}1&-4&-3\\1&-5&-3\\-1&6&4\end{pmatrix}$,则$\boldsymbol{R}(\boldsymbol{A})=$________。

3. 设$\boldsymbol{A}=\begin{pmatrix}1&1&1\\0&1&0\\0&0&1\end{pmatrix}$,求$\boldsymbol{A}^n$。

4. 计算$\begin{pmatrix}3&1&2&-1\\0&3&1&0\end{pmatrix}\begin{pmatrix}1&0&5\\0&2&0\\1&0&1\\0&3&0\end{pmatrix}\begin{pmatrix}-1&0\\1&5\\0&2\end{pmatrix}$。

5. 设矩阵$\boldsymbol{A}=\begin{pmatrix}-1&0&2&0\\0&-1&0&2\\0&0&4&3\end{pmatrix}$, $\boldsymbol{B}=\begin{pmatrix}2&0&-1\\1&1&0\\0&1&0\\0&0&1\end{pmatrix}$,用分块矩阵乘法求$\boldsymbol{AB}$。

6. 讨论方阵$\boldsymbol{A}=\begin{pmatrix}-1&0&1\\a&3&b\\2&0&-2\end{pmatrix}$是否为可逆矩阵。

7. 设n阶方阵$\boldsymbol{A}$, $\boldsymbol{B}$满足$\boldsymbol{A}+\boldsymbol{B}=\boldsymbol{AB}$,证明$\boldsymbol{A}-\boldsymbol{E}$是可逆矩阵,且$\boldsymbol{AB}=\boldsymbol{BA}$。

8. 利用逆矩阵解线性方程组:

$$\begin{cases} x_1+2x_2+3x_3=2 \\ 2x_1+2x_2+x_3=4 \\ 3x_1+4x_2+3x_3=6 \end{cases}$$

9. 用矩阵初等行变换将矩阵 $\boldsymbol{A}$ 化为行最简阶梯形矩阵：

$$\boldsymbol{A}=\begin{pmatrix} 1 & 2 & 1 & 2 & 1 \\ 1 & 2 & 1 & 1 & 0 \\ 3 & 6 & 1 & 5 & 2 \\ 4 & 8 & 3 & 5 & 1 \end{pmatrix}$$

二、测试题解答

(一) A 卷解答

1. 单项选择题。

(1)	(2)	(3)
A	C	C

2. 填空题。

(1) 解 $\begin{pmatrix} -3 & 4 & -4 \\ -7 & -5 & -1 \\ -2 & -1 & 2 \end{pmatrix}$

(2) 解 $\boldsymbol{AB}-\boldsymbol{BA}=\begin{pmatrix} 1 & 0 \\ 0 & 1 \end{pmatrix}-\begin{pmatrix} 1 & 0 \\ 0 & 1 \end{pmatrix}=\begin{pmatrix} 0 & 0 \\ 0 & 0 \end{pmatrix}$

(3) 解 $\boldsymbol{AB}=\begin{pmatrix} 0 & 14 & -3 \\ 17 & 13 & 10 \end{pmatrix}$

$$(\boldsymbol{AB})^{\mathrm{T}}=\begin{pmatrix} 0 & 17 \\ 14 & 13 \\ -3 & 10 \end{pmatrix}$$

3. 解 因为 $|\boldsymbol{B}-\boldsymbol{E}|=4\neq 0$，所以 $\boldsymbol{B}-\boldsymbol{E}$ 可逆。

$$(\boldsymbol{B}-\boldsymbol{E})^{-1}=\begin{pmatrix} 0 & \frac{1}{2} & 0 \\ -\frac{1}{2} & 0 & 0 \\ 0 & 0 & 1 \end{pmatrix}$$

于是

$$\boldsymbol{A}=\boldsymbol{B}(\boldsymbol{B}-\boldsymbol{E})^{-1}=\begin{pmatrix} 1 & -2 & 0 \\ 2 & 1 & 0 \\ 0 & 0 & 2 \end{pmatrix}\begin{pmatrix} 0 & \frac{1}{2} & 0 \\ -\frac{1}{2} & 0 & 0 \\ 0 & 0 & 1 \end{pmatrix}=\begin{pmatrix} 0 & \frac{1}{2} & 0 \\ -\frac{1}{2} & 1 & 0 \\ 0 & 0 & 2 \end{pmatrix}$$

4. **解** $\boldsymbol{A}^2=\begin{pmatrix} -1 & 1 & 1 & -1 \\ 1 & -1 & -1 & 1 \\ 1 & -1 & -1 & 1 \\ -1 & 1 & 1 & -1 \end{pmatrix}\begin{pmatrix} -1 & 1 & 1 & -1 \\ 1 & -1 & -1 & 1 \\ 1 & -1 & -1 & 1 \\ -1 & 1 & 1 & -1 \end{pmatrix}$

$$=\begin{pmatrix} 4 & -4 & -4 & 4 \\ -4 & 4 & 4 & -4 \\ -4 & 4 & 4 & -4 \\ 4 & -4 & -4 & 4 \end{pmatrix}=-4\boldsymbol{A}$$

$$\boldsymbol{A}^3=\boldsymbol{A}^2\boldsymbol{A}=-4\boldsymbol{A}\boldsymbol{A}=(-4)^2\boldsymbol{A},\quad \boldsymbol{A}^4=\boldsymbol{A}^3\boldsymbol{A}=(-4)^2\boldsymbol{A}\boldsymbol{A}=(-4)^3\boldsymbol{A}$$

所以

$$\boldsymbol{A}^{100}=(-4)^{99}\boldsymbol{A}=-4^{99}A$$

5. **解** $\boldsymbol{X}=\frac{1}{2}(3\boldsymbol{A}-\boldsymbol{B})=\frac{1}{2}\begin{pmatrix} 8 & 2 & -2 \\ -2 & 4 & 2 \\ 6 & 14 & 4 \end{pmatrix}=\begin{pmatrix} 4 & 1 & -1 \\ -1 & 2 & 1 \\ 3 & 7 & 2 \end{pmatrix}$。

6. **解** 由 $\boldsymbol{AX}-\boldsymbol{X}+\boldsymbol{E}=\boldsymbol{A}^2$，可得

$$(\boldsymbol{A}-\boldsymbol{E})\boldsymbol{X}=(\boldsymbol{A}-\boldsymbol{E})(\boldsymbol{A}+\boldsymbol{E})$$

因为 $|\boldsymbol{A}-\boldsymbol{E}|=\begin{vmatrix} 0 & 0 & 1 \\ 0 & 1 & 0 \\ 1 & 0 & 0 \end{vmatrix}=-1\neq 0$，所以 $\boldsymbol{A}-\boldsymbol{E}$ 是可逆矩阵，存在逆矩阵

$(\boldsymbol{A}-\boldsymbol{E})^{-1}$,从而

$$(\boldsymbol{A}-\boldsymbol{E})^{-1}(\boldsymbol{A}-\boldsymbol{E})\boldsymbol{X}=(\boldsymbol{A}-\boldsymbol{E})^{-1}(\boldsymbol{A}-\boldsymbol{E})(\boldsymbol{A}+\boldsymbol{E})$$

得

$$\boldsymbol{X}=\boldsymbol{A}+\boldsymbol{E}=\begin{pmatrix}2&0&1\\0&3&0\\1&0&2\end{pmatrix}$$

7. 解 $|\boldsymbol{A}|=\begin{vmatrix}1&-3&0\\2&1&0\\0&0&2\end{vmatrix}=14,\ \boldsymbol{A}^{-1}=\begin{pmatrix}\frac{1}{7}&\frac{3}{7}&0\\-\frac{2}{7}&\frac{1}{7}&0\\0&0&\frac{1}{2}\end{pmatrix}$

$$\boldsymbol{X}=\boldsymbol{B}\boldsymbol{A}^{-1}=\begin{pmatrix}1&-1&2\\0&1&1\end{pmatrix}\begin{pmatrix}\frac{1}{7}&\frac{3}{7}&0\\-\frac{2}{7}&\frac{1}{7}&0\\0&0&\frac{1}{2}\end{pmatrix}=\begin{pmatrix}\frac{3}{7}&\frac{2}{7}&1\\-\frac{2}{7}&\frac{1}{7}&\frac{1}{2}\end{pmatrix}$$

8. 解 $\boldsymbol{A}\xrightarrow[r_3+r_1]{r_2-2r_1}\begin{pmatrix}1&0&3&1\\0&1&1&2\\0&2&4&4\end{pmatrix}\xrightarrow{r_3-2r_2}\begin{pmatrix}1&0&3&1\\0&1&1&2\\0&0&2&0\end{pmatrix}$, $\boldsymbol{R}(\boldsymbol{A})=3$。

9. 解 $\boldsymbol{A}=\begin{pmatrix}1&2&3&a&5\\2&6&7&2a&10-b\\0&-2&-1&2a+b-4&a+1\\1&4&4&a&5-b\end{pmatrix}$

$$\xrightarrow[r_4-r_1]{r_2-2r_1}\begin{pmatrix}1&2&3&a&5\\0&2&1&0&-b\\0&-2&-1&2a+b-4&a+1\\0&2&1&0&-b\end{pmatrix}$$

$$\xrightarrow[r_4-r_2]{r_3+r_2}\begin{pmatrix}1&2&3&a&5\\0&2&1&0&-b\\0&0&0&2a+b-4&a-b+1\\0&0&0&0&0\end{pmatrix}$$

显然，当$\begin{cases}2a+b-4=0\\a-b+1=0\end{cases}$时，$\boldsymbol{R}(\boldsymbol{A})=2$，得 $a=1$，$b=2$。

(二) B 卷解答

1. 单项选择题。

(1)	(2)	(3)
A	D	C

2. 填空题。

(1) **解** $\boldsymbol{X}=\frac{1}{2}(\boldsymbol{B}-3\boldsymbol{A})=\begin{pmatrix}-\frac{5}{2} & -\frac{1}{2} & 0\\ -\frac{5}{2} & -2 & -2\\ \frac{1}{2} & \frac{1}{2} & -2\end{pmatrix}$

(2) **解** $\boldsymbol{AB}=\begin{pmatrix}x+4 & 1+2y\\ 4x+6 & 4+3y\end{pmatrix}$，$\boldsymbol{BA}=\begin{pmatrix}x+4 & 2x+3\\ 2+4y & 4+3y\end{pmatrix}$

由 $\boldsymbol{AB}=\boldsymbol{BA}$ 得

$$\begin{cases}x+4=x+4\\1+2y=2x+3\\4x+6=2+4y\\4+3y=4+3y\end{cases}$$

由上列方程组得 $x-y=-1$，故 $\boldsymbol{AB}=\boldsymbol{BA}$ 的充分必要条件是 $x-y=-1$。

(3) **解** $A\xrightarrow[r_3+r_1]{r_2-r_1}\begin{pmatrix}1 & -4 & -3\\ 0 & -1 & 0\\ 0 & 2 & 1\end{pmatrix}\xrightarrow{r_3+2r_2}\begin{pmatrix}1 & -4 & -3\\ 0 & -1 & 0\\ 0 & 0 & 1\end{pmatrix}$

所以 $\boldsymbol{R}(\boldsymbol{A})=3$。

3. **解** $\boldsymbol{A}^2=\begin{pmatrix}1 & 1 & 1\\ 0 & 1 & 0\\ 0 & 0 & 1\end{pmatrix}\begin{pmatrix}1 & 1 & 1\\ 0 & 1 & 0\\ 0 & 0 & 1\end{pmatrix}=\begin{pmatrix}1 & 2 & 2\\ 0 & 1 & 0\\ 0 & 0 & 1\end{pmatrix}$

$$A^3=A^2A=\begin{pmatrix}1&3&3\\0&1&0\\0&0&1\end{pmatrix}$$

由数学归纳法得

$$A^n=\begin{pmatrix}1&n&n\\0&1&0\\0&0&1\end{pmatrix}$$

4. **解** $\begin{pmatrix}3&1&2&-1\\0&3&1&0\end{pmatrix}\begin{pmatrix}1&0&5\\0&2&0\\1&0&1\\0&3&0\end{pmatrix}\begin{pmatrix}-1&0\\1&5\\0&2\end{pmatrix}=\begin{pmatrix}5&-1&17\\1&6&1\end{pmatrix}\begin{pmatrix}-1&0\\1&5\\0&2\end{pmatrix}$

$$=\begin{pmatrix}-6&29\\5&32\end{pmatrix}$$

5. **解** A 分块为：$A_{11}=\begin{pmatrix}-1&0\\0&-1\end{pmatrix}=-E$, $A_{12}=\begin{pmatrix}2&0\\0&2\end{pmatrix}=2E$

$$A_{21}=(0\quad 0)=O,\ A_{22}=(4\quad 3)$$

B 分块为 $B_{11}=\begin{pmatrix}2\\1\end{pmatrix}$，$B_{12}=\begin{pmatrix}0&-1\\1&0\end{pmatrix}$，$B_{13}=\begin{pmatrix}0\\0\end{pmatrix}=O$, $B_{14}=E$

得 $AB=\begin{pmatrix}-E&2E\\O&A_{22}\end{pmatrix}\begin{pmatrix}B_{11}&B_{12}\\O&E\end{pmatrix}=\begin{pmatrix}-B_{11}&-B_{12}+2E\\O&A_{22}\end{pmatrix}=\begin{pmatrix}-2&2&1\\-1&-1&2\\0&4&3\end{pmatrix}$

6. **解** $|A|=\begin{vmatrix}-1&0&1\\a&3&b\\2&0&-2\end{vmatrix}=0$，所以方阵 A 不是可逆矩阵。

7. **证明** 由 $A+B=AB$，得

$$AB-B-(A-E)=E$$

从而

$$(A-E)(B-E)=E$$

所以，$A-E$ 是可逆矩阵，$(A-E)^{-1}=B-E$。

由此得

$$(B-E)(A-E)=E$$

于是，$A+B=BA$，从而 $AB=BA$。

8. 解　设 $A=\begin{pmatrix}1&2&3\\2&2&1\\3&4&3\end{pmatrix}$，$B=\begin{pmatrix}2\\4\\6\end{pmatrix}$，$X=\begin{pmatrix}x_1\\x_2\\x_3\end{pmatrix}$，则

$$AX=B$$

$$A^{-1}=\frac{1}{|A|}A^*=\begin{pmatrix}1&3&-2\\-\frac{3}{2}&-3&\frac{5}{2}\\1&1&-1\end{pmatrix}$$

$$X=A^{-1}B=\begin{pmatrix}1&3&-2\\-\frac{3}{2}&-3&\frac{5}{2}\\1&1&-1\end{pmatrix}\begin{pmatrix}2\\4\\6\end{pmatrix}=\begin{pmatrix}2\\0\\0\end{pmatrix}$$

得线性方程组解为 $x_1=2$，$x_2=0$，$x_3=0$。

9. 解 $\xrightarrow[r_4-4r_1]{\substack{r_2-r_1\\r_3-3r_1}}\begin{pmatrix}1&2&1&2&1\\0&0&0&-1&-1\\0&0&-2&-1&-1\\0&0&-1&-3&-3\end{pmatrix}\xrightarrow{r_2\leftrightarrow r_4}\begin{pmatrix}1&2&1&2&1\\0&0&-1&-3&-3\\0&0&-2&-1&-1\\0&0&0&-1&-1\end{pmatrix}$

$$\xrightarrow{r_3-2r_2}\begin{pmatrix}1&2&1&2&1\\0&0&-1&-3&-3\\0&0&0&5&5\\0&0&0&-1&-1\end{pmatrix}\xrightarrow[r_4+\frac{1}{5}r_3]{(-1)r_2}\begin{pmatrix}1&2&1&2&1\\0&0&1&3&3\\0&0&0&5&5\\0&0&0&0&0\end{pmatrix}$$

$$\xrightarrow{\frac{1}{5}r_3}\begin{pmatrix}1&2&1&2&1\\0&0&1&3&3\\0&0&0&1&1\\0&0&0&0&0\end{pmatrix}\xrightarrow[r_2-3r_3]{r_1-2r_3}\begin{pmatrix}1&2&1&0&-1\\0&0&1&0&0\\0&0&0&1&1\\0&0&0&0&0\end{pmatrix}$$

$$\xrightarrow{r_1-r_2}\begin{pmatrix}1&2&0&0&-1\\0&0&1&0&0\\0&0&0&1&1\\0&0&0&0&0\end{pmatrix}$$

第三章　线性方程组

第一节　内容提要

1. 解线性方程组的消元法

(1) 线性方程组

$$\begin{cases} a_{11}x_1+a_{12}x_2+\cdots+a_{1n}x_n=b_1 \\ a_{21}x_1+a_{22}x_2+\cdots+a_{2n}x_n=b_2 \\ \cdots\quad\cdots\quad\cdots\quad\cdots\quad\cdots \\ a_{m1}x_1+a_{m2}x_2+\cdots+a_{mn}x_n=b_m \end{cases} \tag{3-1}$$

记

$$\widetilde{\boldsymbol{A}}=\begin{pmatrix} a_{11} & a_{12} & \cdots & a_{1n} & b_1 \\ a_{21} & a_{22} & \cdots & a_{2n} & b_2 \\ \cdots & \cdots & \cdots & \cdots & \cdots \\ a_{m1} & a_{m2} & \cdots & a_{mn} & b_m \end{pmatrix},\quad \boldsymbol{A}=\begin{pmatrix} a_{11} & a_{12} & \cdots & a_{1n} \\ a_{21} & a_{22} & \cdots & a_{2n} \\ \cdots & \cdots & \cdots & \cdots \\ a_{m1} & a_{m2} & \cdots & a_{mn} \end{pmatrix},$$

$$\boldsymbol{b}=\begin{pmatrix} b_1 \\ b_2 \\ \vdots \\ b_m \end{pmatrix},\ \boldsymbol{X}=\begin{pmatrix} x_1 \\ x_2 \\ \vdots \\ x_n \end{pmatrix}$$

分别称 $\widetilde{\boldsymbol{A}}$, $\boldsymbol{A}$ 为线性方程组(3-1)的增广矩阵和系数矩阵，(3-1)记为 $\boldsymbol{AX}=\boldsymbol{b}$。

当 $b_1, b_2, \cdots b_m$ 不全为零时，线性方程组(3-1)称为非齐次线性方程组；当 $b_1=b_2=\cdots=b_m=0$ 时，线性方程组称为齐次线性方程组。

(2) 消元法。

对于非齐次线性方程组，我们对增广矩阵 $\widetilde{\boldsymbol{A}}$ 施以初等行变换，化为行最简阶梯形矩阵，然后直接求得方程组的解；对于齐次线性方程组，我们对系数矩阵 $\boldsymbol{A}$ 施以初等行变换，化为行最简阶梯形矩阵，由此得方程组的解，这种方法称为消元法。

2. 解的性质

(1) 若 $\boldsymbol{\xi}_1, \boldsymbol{\xi}_2, \cdots, \boldsymbol{\xi}_t$ 为齐次线性方程组 $\boldsymbol{AX}=\boldsymbol{O}$ 的解，$k_1, k_2, \cdots, k_t$ 为实数，则 $k_1\boldsymbol{\xi}_1+k_2\boldsymbol{\xi}_2+\cdots+k_t\boldsymbol{\xi}_t$ 也是齐次线性方程组 $\boldsymbol{AX}=\boldsymbol{O}$ 的解。

(2) 若 $\boldsymbol{\eta}_1, \boldsymbol{\eta}_2$ 是非齐次线性方程组 $\boldsymbol{AX}=\boldsymbol{b}$ 的解，则 $\boldsymbol{\eta}_1-\boldsymbol{\eta}_2$ 是对应的齐次线性方程组 $\boldsymbol{AX}=\boldsymbol{O}$ 的解。

3. 线性方程组解的判定

(1) 非齐次线性方程组解的判定。

非齐次线性方程组(3-1)有解的充分必要条件是 $R(\widetilde{\boldsymbol{A}})=R(\boldsymbol{A})$。

当非齐次线性方程组(3-1)满足 $R(\widetilde{\boldsymbol{A}})=R(\boldsymbol{A})=r$ 时，如果 $r=n$，则非齐次线性方程组有唯一解；如果 $r<n$，则非齐次线性方程组有无穷多解。

(2) 齐次线性方程组解的判定。

齐次线性方程组 $\boldsymbol{AX}=\boldsymbol{O}$ 必有 $x_1=x_2=\cdots=x_n=0$ 为其解，称为零解。如果 $R(\boldsymbol{A})=r=n$，则齐次线性方程组只有零解；如果 $R(\boldsymbol{A})=r<n$，则齐次线性方程组有无穷多个非零解。当 $\boldsymbol{A}$ 为方阵时，齐次线性方程组 $\boldsymbol{AX}=\boldsymbol{O}$ 有非零解的充分必要条件是 $|\boldsymbol{A}|=0$。

4. 线性方程组解的结构

(1) 基础解系。

设 T 是齐次线性方程组解的集合，如果 T 中存在非零解 $\boldsymbol{\xi}_1, \boldsymbol{\xi}_2, \cdots, \boldsymbol{\xi}_s$ 满足：

① $\boldsymbol{\xi}_1, \boldsymbol{\xi}_2, \cdots, \boldsymbol{\xi}_s$ 线性无关。

② 任意的 $\boldsymbol{\xi}\in T$，$\boldsymbol{\xi}$ 都可由 $\boldsymbol{\xi}_1, \boldsymbol{\xi}_2, \cdots, \boldsymbol{\xi}_s$ 线性表示，则称 $\boldsymbol{\xi}_1, \boldsymbol{\xi}_2, \cdots, \boldsymbol{\xi}_s$ 是齐次线性方程组的一个基础解系。

(2) 如果齐次线性方程组的系数矩阵 $\boldsymbol{A}$ 的秩 $R(\boldsymbol{A})=r<n$，则齐次线性方程组存在基础解系 $\boldsymbol{\xi}_1, \boldsymbol{\xi}_2, \cdots, \boldsymbol{\xi}_{n-r}$，其通解为 $c_1\boldsymbol{\xi}_1+c_2\boldsymbol{\xi}_2+\cdots+c_{n-r}\boldsymbol{\xi}_{n-r}$，$c_1, c_2, \cdots, c_{n-r}$ 取任意实数。

(3) 对于非齐次线性方程组，当 $R(\widetilde{\boldsymbol{A}})=R(\boldsymbol{A})=r<n$ 时，其通解为

$$c_1\boldsymbol{\xi}_1+c_2\boldsymbol{\xi}_2+\cdots+c_{n-r}\boldsymbol{\xi}_{n-r}+\boldsymbol{\eta}$$

其中，$\boldsymbol{\xi}_1, \boldsymbol{\xi}_2, \cdots, \boldsymbol{\xi}_{n-r}$ 为非齐次线性方程组对应的齐次线性方程组的一个基础解系，$\boldsymbol{\eta}$ 为该非齐次线性方程组的一个解，$c_1, c_2, \cdots, c_{n-r}$ 取任意实数。

5. 向量

$1\times n$ 行矩阵称为 n 维行向量，简称行向量；$m\times 1$ 列矩阵称为 m 维列向量，简称

为列向量。行向量、列向量统称为向量。用希腊字母 $\boldsymbol{\alpha}$, $\boldsymbol{\beta}$, $\boldsymbol{\eta}$, $\boldsymbol{\xi}$…表示。本章起向量仅涉及列向量。

由于向量是矩阵,其运算按矩阵的运算规律进行。

若干同维的向量所组成的集合称为向量组。

6. 向量的线性组合(线性表示)

设 $\boldsymbol{\beta}, \boldsymbol{\alpha}_1, \boldsymbol{\alpha}_2, \cdots, \boldsymbol{\alpha}_m$ 是 n 维向量,如果存在一组数 $k_1, k_2, \cdots, k_m$,使

$$\boldsymbol{\beta}=k_1\boldsymbol{\alpha}_1+k_2\boldsymbol{\alpha}_2+\cdots+k_m\boldsymbol{\alpha}_m$$

则称向量 $\boldsymbol{\beta}$ 是向量组 $\boldsymbol{\alpha}_1, \boldsymbol{\alpha}_2, \cdots, \boldsymbol{\alpha}_m$ 的线性组合,也称向量 $\boldsymbol{\beta}$ 可以由向量组 $\boldsymbol{\alpha}_1, \boldsymbol{\alpha}_2, \cdots, \boldsymbol{\alpha}_m$ 线性表示。

判定方法:

(1) 应用定义。

由 $\boldsymbol{\beta}=k_1\boldsymbol{\alpha}_1+k_2\boldsymbol{\alpha}_2+\cdots+k_m\boldsymbol{\alpha}_m$ 得以 $k_1, k_2, \cdots, k_m$ 为未知量的非齐次线性方程组,然后判定方程组是否有解。若有解,则向量 $\boldsymbol{\beta}$ 是向量组 $\boldsymbol{\alpha}_1, \boldsymbol{\alpha}_2, \cdots, \boldsymbol{\alpha}_m$ 的线性组合。由此求得一组数 $k_1, k_2, \cdots, k_m$,得到表达式。

(2) 向量 $\boldsymbol{\beta}$ 可由向量组 $\boldsymbol{\alpha}_1, \boldsymbol{\alpha}_2, \cdots, \boldsymbol{\alpha}_m$ 线性表示的充分必要条件是:

$$R(\boldsymbol{\alpha}_1, \boldsymbol{\alpha}_2, \cdots, \boldsymbol{\alpha}_m, \boldsymbol{\beta})=R(\boldsymbol{\alpha}_1, \boldsymbol{\alpha}_2, \cdots, \boldsymbol{\alpha}_m)$$

设有两个向量组 $S_1: \boldsymbol{\alpha}_1, \boldsymbol{\alpha}_2, \cdots, \boldsymbol{\alpha}_m$;向量组 $S_2: \boldsymbol{\beta}_1, \boldsymbol{\beta}_2, \cdots, \boldsymbol{\beta}_t$。若向量组 S_1 中每一个向量都能由向量组 S_2 线性表示,则称向量组 S_1 能由向量组 S_2 线性表示。

若向量组 S_1 与向量组 S_2 能相互线性表示,则称两向量组等价。

向量组 S_1 与向量组 S_2 等价的充分必要条件是 $R(S_1)=R(S_2)=R(S_1, S_2)$。

7. 向量的线性相关性

(1) 线性相关、线性无关。

设向量组 $\boldsymbol{\alpha}_1, \boldsymbol{\alpha}_2, \cdots, \boldsymbol{\alpha}_m$,如果存在一组不全为零的数 $k_1, k_2, \cdots, k_m$,使 $k_1\boldsymbol{\alpha}_1+k_2\boldsymbol{\alpha}_2+\cdots+k_m\boldsymbol{\alpha}_m=\mathbf{0}$ 成立,则称此向量组线性相关;否则,即只有当 $k_1=k_2=\cdots=k_m=0$ 时,才能使 $k_1\boldsymbol{\alpha}_1+k_2\boldsymbol{\alpha}_2+\cdots+k_m\boldsymbol{\alpha}_m=\mathbf{0}$,则称向量组 $\boldsymbol{\alpha}_1, \boldsymbol{\alpha}_2, \cdots, \boldsymbol{\alpha}_m$ 线性无关。

(2) 线性相关性的性质。

① 向量组 $\boldsymbol{\alpha}_1, \boldsymbol{\alpha}_2, \cdots, \boldsymbol{\alpha}_m (m\geqslant 2)$线性相关的充分必要条件为其中存在一个向量是其余向量的线性组合。

② 任何含有零向量的向量组必线性相关。

③ 如果向量组中有一部分向量线性相关,则整个向量组线性相关。

④ 线性无关向量组的部分(向量)组必线性无关。

8. 向量组线性相关性的矩阵判别法的步骤

(1) 由向量组 $\boldsymbol{\alpha}_1, \boldsymbol{\alpha}_2, \cdots, \boldsymbol{\alpha}_n$ 构成矩阵 $\boldsymbol{A}$,使 $\boldsymbol{A}$ 的第 1 列元素依次为 $\boldsymbol{\alpha}_1$ 的分量,第 2 列元素依次为 $\boldsymbol{\alpha}_2$ 的分量…… $\boldsymbol{A}$ 的最后 1 列元素依次为 $\boldsymbol{\alpha}_n$ 的分量。

(2) 对矩阵 $\boldsymbol{A}$ 施以初等行变换,将其化为阶梯形矩阵,求出 $R(\boldsymbol{A})=r$。

(3) 如果 $r<n$,则向量组线性相关;如果 $r=n$,则向量组线性无关。

9. 向量组的秩

(1) 向量组 T 中存在一部分向量 $\boldsymbol{\alpha}_1, \boldsymbol{\alpha}_2, \cdots, \boldsymbol{\alpha}_r$ 满足

① $\boldsymbol{\alpha}_1, \boldsymbol{\alpha}_2, \cdots, \boldsymbol{\alpha}_r$ 线性无关。

② 任意的 $\boldsymbol{\alpha}\in T$,均可用 $\boldsymbol{\alpha}_1, \boldsymbol{\alpha}_2, \cdots, \boldsymbol{\alpha}_r$ 线性表示。

则称 $\boldsymbol{\alpha}_1, \boldsymbol{\alpha}_2, \cdots, \boldsymbol{\alpha}_r$ 是向量组 T 的一个极大线性无关组,简称极大无关组。

向量组中任意两个极大无关组所含向量个数相同。

(2) 向量组中极大无关组所含向量个数称为向量组的秩。规定仅由零向量组成的向量组的秩为 0。

矩阵 $\boldsymbol{A}$ 的行向量组的秩称为 $\boldsymbol{A}$ 的行秩,列向量组的秩称为 $\boldsymbol{A}$ 的列秩。

矩阵 $\boldsymbol{A}$ 的行秩等于矩阵 $\boldsymbol{A}$ 的列秩等于矩阵 $\boldsymbol{A}$ 的秩。

(3) 等价向量组的秩相等。

10. 求向量组的秩及一个极大无关组的步骤和方法

(1) 由向量组 $\boldsymbol{\alpha}_1, \boldsymbol{\alpha}_2, \cdots, \boldsymbol{\alpha}_m$ 构建矩阵 $\boldsymbol{A}$,使 $\boldsymbol{A}$ 的第 1 列元素依次为 $\boldsymbol{\alpha}_1$ 的分量,第 2 列元素依次为 $\boldsymbol{\alpha}_2$ 的分量 …… $\boldsymbol{A}$ 的最后 1 列元素依次为 $\boldsymbol{\alpha}_m$ 的分量。

(2) 对矩阵 $\boldsymbol{A}$ 施以若干初等行变换,将其化为行阶梯形矩阵 $\boldsymbol{B}$,求出 $R(\boldsymbol{A})=r$,则向量组的秩就是 r。

(3) 阶梯形矩阵 $\boldsymbol{B}$ 的非零行首非零元所在列的编号为 $i, j, \cdots, k$,则这些向量 $\boldsymbol{\alpha}_i, \boldsymbol{\alpha}_j, \cdots, \boldsymbol{\alpha}_k$ 就是一个极大无关组。当 $\boldsymbol{B}$ 化为行最简阶梯形矩阵时,可得其余向量用该极大无关组的表示式。

第二节　例题分析

【例 1】 解线性方程组:

$$\begin{cases} x_1 - x_2 - x_3 + x_4 = 0 \\ x_1 - x_2 + x_3 - 3x_4 = 1 \\ 2x_1 - 2x_2 - 4x_3 + 6x_4 = -1 \end{cases}$$

分析 应用消元法解线性方程组。

解 对增广矩阵 $\widetilde{\boldsymbol{A}}$ 施以初等行变换，将其化为行最简阶梯形矩阵。

$$\widetilde{\boldsymbol{A}}=\begin{pmatrix}1&-1&-1&1&0\\1&-1&1&-3&1\\2&-2&-4&6&-1\end{pmatrix}\xrightarrow[r_3-2r_1]{r_2-r_1}\begin{pmatrix}1&-1&-1&1&0\\0&0&2&-4&1\\0&0&-2&4&-1\end{pmatrix}$$

$$\xrightarrow[r_1+\frac{1}{2}r_2]{r_2+r_3}\begin{pmatrix}1&-1&0&-1&\frac{1}{2}\\0&0&2&-4&1\\0&0&0&0&0\end{pmatrix}\xrightarrow{\frac{1}{2}r_2}\begin{pmatrix}1&-1&0&-1&\frac{1}{2}\\0&0&1&-2&\frac{1}{2}\\0&0&0&0&0\end{pmatrix}$$

$R(\widetilde{\boldsymbol{A}})=R(\boldsymbol{A})=2<4$，所以线性方程组有无穷多解，其通解为

$$\begin{pmatrix}x_1\\x_2\\x_3\\x_4\end{pmatrix}=c_1\begin{pmatrix}1\\1\\0\\0\end{pmatrix}+c_2\begin{pmatrix}1\\0\\2\\1\end{pmatrix}+\begin{pmatrix}\frac{1}{2}\\0\\\frac{1}{2}\\0\end{pmatrix}\quad(c_1,\ c_2\text{ 为任意实数})$$

【例 2】 解线性方程组：

$$\begin{cases}x_1+x_2+2x_3+3x_4=1\\x_2+x_3-4x_4=1\\x_1+2x_2+3x_3-x_4=4\\2x_1+3x_2-x_3-x_4=-6\end{cases}$$

解 对增广矩阵 $\widetilde{\boldsymbol{A}}$ 施以初等行变换，将其化为行最简阶梯形矩阵：

$$\widetilde{\boldsymbol{A}}=\begin{pmatrix}1&1&2&3&1\\0&1&1&-4&1\\1&2&3&-1&4\\2&3&-1&-1&-6\end{pmatrix}\xrightarrow[r_4-2r_1]{r_3-r_1}\begin{pmatrix}1&1&2&3&1\\0&1&1&-4&1\\0&1&1&-4&3\\0&1&-5&-7&-8\end{pmatrix}$$

$$\xrightarrow[r_4-r_2]{r_3-r_2}\begin{pmatrix}1&1&2&3&1\\0&1&1&-4&1\\0&0&0&0&2\\0&0&-6&-3&-9\end{pmatrix}\xrightarrow{r_3\leftrightarrow r_4}\begin{pmatrix}1&1&2&3&1\\0&1&1&-4&1\\0&0&-6&-3&-9\\0&0&0&0&2\end{pmatrix}$$

$R(\widetilde{\boldsymbol{A}})=4$，$R(\boldsymbol{A})=3$，于是 $R(\widetilde{\boldsymbol{A}})\neq R(\boldsymbol{A})$，所以线性方程组无解。

【例 3】 解线性方程组：

$$\begin{cases} x_1+2x_2+2x_3+x_4=0 \\ 2x_1+x_2-2x_3-2x_4=0 \\ x_1-x_2-4x_3-3x_4=0 \end{cases}$$

解 对系数矩阵 $\boldsymbol{A}$ 施以初等行变换，将其化为行最简阶梯形矩阵。

$$\boldsymbol{A}=\begin{pmatrix} 1 & 2 & 2 & 1 \\ 2 & 1 & -2 & -2 \\ 1 & -1 & -4 & -3 \end{pmatrix} \xrightarrow[r_3-r_1]{r_2-2r_1} \begin{pmatrix} 1 & 2 & 2 & 1 \\ 0 & -3 & -6 & -4 \\ 0 & -3 & -6 & -4 \end{pmatrix}$$

$$\xrightarrow{r_3-r_2} \begin{pmatrix} 1 & 2 & 2 & 1 \\ 0 & -3 & -6 & -4 \\ 0 & 0 & 0 & 0 \end{pmatrix} \xrightarrow{\left(-\frac{1}{3}\right)r_2} \begin{pmatrix} 1 & 2 & 2 & 1 \\ 0 & 1 & 2 & \frac{4}{3} \\ 0 & 0 & 0 & 0 \end{pmatrix}$$

$$\xrightarrow{r_1-2r_2} \begin{pmatrix} 1 & 0 & -2 & -\frac{5}{3} \\ 0 & 1 & 2 & \frac{4}{3} \\ 0 & 0 & 0 & 0 \end{pmatrix}$$

线性方程组的通解为

$$\begin{pmatrix} x_1 \\ x_2 \\ x_3 \\ x_4 \end{pmatrix}=c_1\begin{pmatrix} 2 \\ -2 \\ 1 \\ 0 \end{pmatrix}+c_2\begin{pmatrix} \frac{5}{3} \\ -\frac{4}{3} \\ 0 \\ 1 \end{pmatrix} \quad (c_1,\ c_2 \text{ 为任意实数})$$

【例 4】 λ 取何值时，线性方程组

$$\begin{cases} \lambda x_1+x_2+x_3=1 \\ x_1+\lambda x_2+x_3=\lambda \\ x_1+x_2+\lambda x_3=\lambda^2 \end{cases}$$

(1) 无解。(2)有唯一解。(3)有无穷多解。

解法一 对增广矩阵 $\widetilde{\boldsymbol{A}}$ 施以初等行变换，将其化为行阶梯形矩阵。

$$\widetilde{\boldsymbol{A}}=\begin{pmatrix}\lambda & 1 & 1 & 1\\ 1 & \lambda & 1 & \lambda\\ 1 & 1 & \lambda & \lambda^2\end{pmatrix}\xrightarrow{r_1\leftrightarrow r_3}\begin{pmatrix}1 & 1 & \lambda & \lambda^2\\ 1 & \lambda & 1 & \lambda\\ \lambda & 1 & 1 & 1\end{pmatrix}$$

$$\xrightarrow[r_3-\lambda r_1]{r_2-r_1}\begin{pmatrix}1 & 1 & \lambda & \lambda^2\\ 0 & \lambda-1 & 1-\lambda & \lambda-\lambda^2\\ 0 & 1-\lambda & 1-\lambda^2 & 1-\lambda^3\end{pmatrix}$$

$$\xrightarrow{r_3+r_2}\begin{pmatrix}1 & 1 & \lambda & \lambda^2\\ 0 & \lambda-1 & 1-\lambda & 1-\lambda^2\\ 0 & 0 & (\lambda+2)(1-\lambda) & (1-\lambda)(\lambda+1)^2\end{pmatrix}$$

故(1)当 $\lambda=-2$ 时，$R(\widetilde{\boldsymbol{A}})=3$，$R(\boldsymbol{A})=2$，方程组无解。

(2) 当 $\lambda\neq1$、-2 时，$R(\widetilde{\boldsymbol{A}})=R(\boldsymbol{A})=3$，方程组有唯一解。

(3) 当 $\lambda=1$ 时，$R(\widetilde{\boldsymbol{A}})=R(\boldsymbol{A})=1$，方程组有无穷多解。

解法二 因为方程个数等于未知量个数，且

$$|\boldsymbol{A}|=\begin{vmatrix}\lambda & 1 & 1\\ 1 & \lambda & 1\\ 1 & 1 & \lambda\end{vmatrix}=(\lambda-1)^2(\lambda+2)$$

由克莱姆法则知，当 $\lambda\neq1$，-2 时，$|\boldsymbol{A}|\neq0$，线性方程组有唯一解；当 $\lambda=1$ 时，方程组的增广矩阵化成为

$$\widetilde{\boldsymbol{A}}=\begin{pmatrix}1 & 1 & 1 & 1\\ 1 & 1 & 1 & 1\\ 1 & 1 & 1 & 1\end{pmatrix}\longrightarrow\begin{pmatrix}1 & 1 & 1 & 1\\ 0 & 0 & 0 & 0\\ 0 & 0 & 0 & 0\end{pmatrix}$$

于是 $R(\widetilde{\boldsymbol{A}})=R(\boldsymbol{A})=1$，故线性方程组有无穷多解。

当 $\lambda=-2$ 时，方程组的增广矩阵化成为

$$\widetilde{\boldsymbol{A}}=\begin{pmatrix}-2 & 1 & 1 & 1\\ 1 & -2 & 1 & -2\\ 1 & 1 & -2 & 4\end{pmatrix}\longrightarrow\begin{pmatrix}1 & 1 & -2 & 4\\ 0 & -3 & 3 & -3\\ 0 & 0 & 0 & 3\end{pmatrix}$$

$R(\widetilde{\boldsymbol{A}})=3$，$R(\boldsymbol{A})=2$，因此线性方程组无解。

【例 5】 求齐次线性方程组

$$\begin{cases} x_1-2x_2+4x_3-7x_4=0 \\ 2x_1+x_2-2x_3+x_4=0 \\ 3x_1-x_2+2x_3-6x_4=0 \end{cases}$$

的一个基础解系。

解 对系数矩阵 $\boldsymbol{A}$ 施以初等变换，将其化为行最简阶梯形矩阵。

$$\boldsymbol{A}=\begin{pmatrix} 1 & -2 & 4 & -7 \\ 2 & 1 & -2 & 1 \\ 3 & -1 & 2 & -6 \end{pmatrix} \xrightarrow[r_3-3r_1]{r_2-r_1} \begin{pmatrix} 1 & -2 & 4 & -7 \\ 0 & 5 & -10 & 15 \\ 0 & 5 & -10 & 15 \end{pmatrix}$$

$$\xrightarrow{\frac{1}{5}r_2} \begin{pmatrix} 1 & -2 & 4 & -7 \\ 0 & 1 & -2 & 3 \\ 0 & 5 & -10 & 15 \end{pmatrix} \xrightarrow[r_3-5r_2]{r_1+2r_2} \begin{pmatrix} 1 & 0 & 0 & -1 \\ 0 & 1 & -2 & 3 \\ 0 & 0 & 0 & 0 \end{pmatrix}$$

因此，$R(\boldsymbol{A})=2<4$，有基础解系，线性方程组的通解为

$$\begin{cases} x_1= \quad\quad c_2 \\ x_2=2c_1-3c_2 \\ x_3= c_1 \\ x_4= \quad\quad c_2 \end{cases}$$

其中，c_1，c_2 取任意实数，于是得线性方程组的一个基础解系为

$$\boldsymbol{\xi}_1=(0,\ 2,\ 1,\ 0)^{\mathrm{T}},\ \boldsymbol{\xi}_2=(0,\ -3,\ 0,\ 1)^{\mathrm{T}}$$

【例 6】 设 $\boldsymbol{\alpha}+\boldsymbol{\xi}=\boldsymbol{\beta}$，$3\boldsymbol{\alpha}-2\boldsymbol{\eta}=5\boldsymbol{\beta}$，其中 $\boldsymbol{\alpha}=(3,\ 5,\ 7,\ 9)^{\mathrm{T}}$，$\boldsymbol{\beta}=(-1,\ 5,\ 2,\ 0)^{\mathrm{T}}$，求 $\boldsymbol{\xi}$，$\boldsymbol{\eta}$。

解 由 $\boldsymbol{\alpha}+\boldsymbol{\xi}=\boldsymbol{\beta}$ 得

$$\begin{aligned}\boldsymbol{\xi}=\boldsymbol{\beta}-\boldsymbol{\alpha}&=(-1,\ 5,\ 2,\ 0)^{\mathrm{T}}-(3,\ 5,\ 7,\ 9)^{\mathrm{T}} \\ &=(-4,\ 0,\ -5,\ -9)^{\mathrm{T}}\end{aligned}$$

由 $3\boldsymbol{\alpha}-2\boldsymbol{\eta}=5\boldsymbol{\beta}$，得

$$\begin{aligned}\boldsymbol{\eta}&=\frac{1}{2}(3\boldsymbol{\alpha}-5\boldsymbol{\beta})=\frac{1}{2}[3(3,\ 5,\ 7,\ 9)^{\mathrm{T}}-5(-1,\ 5,\ 2,\ 0)^{\mathrm{T}}] \\ &=\frac{1}{2}(14,\ -10,\ 11,\ 27)^{\mathrm{T}}=\left(7,\ -5,\ \frac{11}{2},\ \frac{27}{2}\right)^{\mathrm{T}}\end{aligned}$$

【例 7】 判断向量组 $\boldsymbol{\alpha}_1=(1, 2, -1, 5)^{\mathrm{T}}$, $\boldsymbol{\alpha}_2=(2, -1, 1, 1)^{\mathrm{T}}$, $\boldsymbol{\alpha}_3=(4, 3, -1, 11)^{\mathrm{T}}$ 是否线性相关?

分析 判定向量组 $\boldsymbol{\alpha}_1, \boldsymbol{\alpha}_2, \cdots, \boldsymbol{\alpha}_m$ 的线性相关性有两种方法:

(1) 应用定义,设有一组数 $k_1, k_2, \cdots, k_m$,使 $k_1\boldsymbol{\alpha}_1+k_2\boldsymbol{\alpha}_2+\cdots+k_m\boldsymbol{\alpha}_m=\boldsymbol{O}$,然后讨论齐次线性方程组是否有非零解,若有非零解,则向量组线性相关,并得表达式;否则,该向量组线性无关。

(2) 由向量组构建矩阵,求矩阵 $\boldsymbol{A}$ 的秩 $R(\boldsymbol{A})$,若 $R(\boldsymbol{A})<m$,则向量组线性相关,但得不到线性相关的表达式;否则,$R(\boldsymbol{A})=m$,向量组线性无关。

解法一 由向量组构建矩阵 $\boldsymbol{A}=(\boldsymbol{\alpha}_1, \boldsymbol{\alpha}_2, \boldsymbol{\alpha}_3)$,对 $\boldsymbol{A}$ 施以初等行变换,将其化为行阶梯形矩阵:

$$\boldsymbol{A}=\begin{pmatrix}1&2&4\\2&-1&3\\-1&1&-1\\5&1&11\end{pmatrix}\xrightarrow[r_4-5r_1]{\substack{r_2-2r_1\\r_3+r_1}}\begin{pmatrix}1&2&4\\0&-5&-5\\0&3&3\\0&-9&-9\end{pmatrix}\xrightarrow[r_4-\frac{9}{5}r_2]{r_3+\frac{3}{5}r_2}\begin{pmatrix}1&2&4\\0&-5&-5\\0&0&0\\0&0&0\end{pmatrix}$$

所以,$R(\boldsymbol{A})=2<3$,从而向量组 $\boldsymbol{\alpha}_1, \boldsymbol{\alpha}_2, \boldsymbol{\alpha}_3$ 线性相关。

解法二 设有一组数 k_1, k_2, k_3,使

$$k_1\boldsymbol{\alpha}_1+k_2\boldsymbol{\alpha}_2+k_3\boldsymbol{\alpha}_3=\boldsymbol{O}$$

对以 k_1, k_2, k_3 为未知量的上述线性方程组的系数矩阵 $\boldsymbol{A}$ 施以初等行变换,将其化为行最简阶梯形矩阵:

$$\boldsymbol{A}\longrightarrow\begin{pmatrix}1&0&2\\0&1&1\\0&0&0\\0&0&0\end{pmatrix},\text{解为}\begin{cases}k_1=2c\\k_2=\ \ c\ \ (c\text{ 取任意实数})\\k_3=-c\end{cases}$$

向量组 $\boldsymbol{\alpha}_1, \boldsymbol{\alpha}_2, \boldsymbol{\alpha}_3$ 线性相关。取 $c=1$,得 $k_1=2, k_2=1, k_3=-1$,使

$$2\boldsymbol{\alpha}_1+\boldsymbol{\alpha}_2-\boldsymbol{\alpha}_3=\boldsymbol{O}$$

【例 8】 设向量组 $\boldsymbol{\alpha}_1, \boldsymbol{\alpha}_2, \boldsymbol{\alpha}_3$ 线性无关,试问向量组 $l\boldsymbol{\alpha}_1+\boldsymbol{\alpha}_2, \boldsymbol{\alpha}_2+\boldsymbol{\alpha}_3, p\boldsymbol{\alpha}_3+\boldsymbol{\alpha}_1$ 线性无关,l, p 应满足什么条件。

分析 对于不是具体的向量讨论其线性相关性,一般地,应用向量组线性无关的定义来解。

解 设有一组数 k_1, k_2, k_3,使

$$k_1(l\boldsymbol{\alpha}_1+\boldsymbol{\alpha}_2)+k_2(\boldsymbol{\alpha}_2+\boldsymbol{\alpha}_3)+k_3(p\boldsymbol{\alpha}_3+\boldsymbol{\alpha}_1)=\boldsymbol{O}$$

即
$$(lk_1+k_3)\boldsymbol{\alpha}_1+(k_1+k_2)\boldsymbol{\alpha}_2+(k_2+pk_3)\boldsymbol{\alpha}_3=\boldsymbol{O}$$

因为向量组 $\boldsymbol{\alpha}_1, \boldsymbol{\alpha}_2, \boldsymbol{\alpha}_3$ 线性无关,得

$$\begin{cases} lk_1+k_3=0 \\ k_1+k_2=0 \\ k_2+pk_3=0 \end{cases}$$

由题设,向量组 $l\boldsymbol{\alpha}_1+\boldsymbol{\alpha}_2$, $\boldsymbol{\alpha}_2+\boldsymbol{\alpha}_3$, $p\boldsymbol{\alpha}_3+\boldsymbol{\alpha}_1$ 线性无关,所以关于未知量为 k_1, k_2, k_3 的上述齐次线性方程组只有零解,从而其系数矩阵 $\boldsymbol{A}$ 的秩 $R(\boldsymbol{A})=3$,得

$$\begin{vmatrix} l & 0 & 1 \\ 1 & 1 & 0 \\ 0 & 1 & p \end{vmatrix}=lp+1\neq 0.$$

即当 $lp\neq -1$ 时向量组线性无关。

【例 9】 设向量 $\boldsymbol{\beta}=(1, 4, 0)^{\mathrm{T}}$, $\boldsymbol{\alpha}_1=(1, 3, 1)^{\mathrm{T}}$, $\boldsymbol{\alpha}_2=(1, -1, 5)^{\mathrm{T}}$, $\boldsymbol{\alpha}_3=(-3, -3, 9)^{\mathrm{T}}$, $\boldsymbol{\alpha}_4=(-1, 4, -8)^{\mathrm{T}}$,试问向量 $\boldsymbol{\beta}$ 能否由向量组 $\boldsymbol{\alpha}_1, \boldsymbol{\alpha}_2, \boldsymbol{\alpha}_3, \boldsymbol{\alpha}_4$ 线性表示?若能,求出其表达式。

分析 判定向量 $\boldsymbol{\beta}$ 能否由向量组 $\boldsymbol{\alpha}_1, \boldsymbol{\alpha}_2, \cdots, \boldsymbol{\alpha}_m$ 线性表示,有两种方法:①设有一组数 $k_1, k_2, \cdots, k_m$,使 $k_1\boldsymbol{\alpha}_1+k_2\boldsymbol{\alpha}_2+\cdots+k_m\boldsymbol{\alpha}_m=\boldsymbol{\beta}$,讨论以 $k_1, k_2, \cdots, k_m$ 为未知量的线性方程组是否有解,如方程组有解,则向量 $\boldsymbol{\beta}$ 可由向量组 $\boldsymbol{\alpha}_1, \boldsymbol{\alpha}_2, \cdots, \boldsymbol{\alpha}_m$ 线性表示,求出其解,得表达式;否则,不能线性表示。②由向量组 $\boldsymbol{\alpha}_1, \boldsymbol{\alpha}_2, \cdots, \boldsymbol{\alpha}_m$ 构建矩阵 $\boldsymbol{A}$,由向量组 $\boldsymbol{\alpha}_1, \boldsymbol{\alpha}_2, \cdots, \boldsymbol{\alpha}_m, \boldsymbol{\beta}$ 构建矩阵 $\boldsymbol{B}$,若 $R(\boldsymbol{A})=R(\boldsymbol{B})$,则向量 $\boldsymbol{\beta}$ 可由向量组 $\boldsymbol{\alpha}_1, \boldsymbol{\alpha}_2, \cdots, \boldsymbol{\alpha}_m$ 线性表示,但,未能求得表达式;否则,不能线性表示。

解 设有一组数 k_1, k_2, k_3, k_4,使

$$\boldsymbol{\beta}=k_1\boldsymbol{\alpha}_1+k_2\boldsymbol{\alpha}_2+k_3\boldsymbol{\alpha}_3+k_4\boldsymbol{\alpha}_4$$

对以 k_1, k_2, k_3, k_4 为未知量的上述线性方程组的增广矩阵 $\widetilde{\boldsymbol{A}}$ 施以初等变换,将其化为行最简阶梯形矩阵:

$$\widetilde{\boldsymbol{A}}=\begin{pmatrix}1 & 1 & -3 & -1 & 1\\ 3 & -1 & -3 & 4 & 4\\ 1 & 5 & -9 & -8 & 0\end{pmatrix}\longrightarrow\begin{pmatrix}1 & 0 & -\frac{3}{2} & \frac{3}{4} & \frac{5}{4}\\ 0 & 1 & -\frac{3}{2} & -\frac{7}{4} & -\frac{1}{4}\\ 0 & 0 & 0 & 0 & 0\end{pmatrix}$$

得通解

$$\begin{cases}k_1=\frac{3}{2}c_1-\frac{3}{4}c_2+\frac{5}{4}\\ k_2=\frac{3}{2}c_1+\frac{7}{4}c_2-\frac{1}{4}\\ k_3=\quad c_1\\ k_4=\qquad\quad c_2\end{cases}$$

其中,c_1, c_2 取任实数。

取 $c_1=c_2=1$,得 $k_1=2$, $k_2=3$, $k_3=1$, $k_4=1$,所以 $\boldsymbol{\beta}$ 能用 $\boldsymbol{\alpha}_1$, $\boldsymbol{\alpha}_2$, $\boldsymbol{\alpha}_3$, $\boldsymbol{\alpha}_4$ 线性表示,表示式可取

$$\boldsymbol{\beta}=2\boldsymbol{\alpha}_1+3\boldsymbol{\alpha}_2+\boldsymbol{\alpha}_3+\boldsymbol{\alpha}_4$$

【例 10】 求向量组 $\boldsymbol{\alpha}_1=(1,\ 0,\ 1,\ 0,\ 1)^{\mathrm{T}}$, $\boldsymbol{\alpha}_2=(0,\ 1,\ 1,\ 0,\ 1)^{\mathrm{T}}$, $\boldsymbol{\alpha}_3=(1,\ 1,\ 0,\ 0,\ 1)^{\mathrm{T}}$, $\boldsymbol{\alpha}_4=(-3,\ -2,\ 3,\ 0,\ -1)^{\mathrm{T}}$ 的一个极大无关组,并将其余的向量用极大无关组表示。

解 由向量 $\boldsymbol{\alpha}_1$, $\boldsymbol{\alpha}_2$, $\boldsymbol{\alpha}_3$, $\boldsymbol{\alpha}_4$ 构作矩阵 $\boldsymbol{A}=(\boldsymbol{\alpha}_1,\ \boldsymbol{\alpha}_2,\ \boldsymbol{\alpha}_3,\ \boldsymbol{\alpha}_4)$,对 $\boldsymbol{A}$ 施以初等行变换,将其化为行最简阶梯形矩阵:

$$\boldsymbol{A}=\begin{pmatrix}1 & 0 & 1 & -3\\ 0 & 1 & 1 & -2\\ 1 & 1 & 0 & 3\\ 0 & 0 & 0 & 0\\ 1 & 1 & 1 & -1\end{pmatrix}\xrightarrow[r_5-r_1]{r_3-r_1}\begin{pmatrix}1 & 0 & 1 & -3\\ 0 & 1 & 1 & -2\\ 0 & 1 & -1 & 6\\ 0 & 0 & 0 & 0\\ 0 & 1 & 0 & 2\end{pmatrix}\xrightarrow[r_5-r_2]{r_3-r_2}\begin{pmatrix}1 & 0 & 1 & -3\\ 0 & 1 & 1 & -2\\ 0 & 0 & -2 & 8\\ 0 & 0 & 0 & 0\\ 0 & 0 & -1 & 4\end{pmatrix}$$

$$\xrightarrow{r_5-\frac{1}{2}r_3}\begin{pmatrix}1 & 0 & 1 & -3\\ 0 & 1 & 1 & -2\\ 0 & 0 & -2 & 8\\ 0 & 0 & 0 & 0\\ 0 & 0 & 0 & 0\end{pmatrix}\xrightarrow{-\frac{1}{2}r_3}\begin{pmatrix}1 & 0 & 1 & -3\\ 0 & 1 & 1 & -2\\ 0 & 0 & 1 & -4\\ 0 & 0 & 0 & 0\\ 0 & 0 & 0 & 0\end{pmatrix}\xrightarrow[r_2-r_3]{r_1-r_3}\begin{pmatrix}1 & 0 & 0 & 1\\ 0 & 1 & 0 & 2\\ 0 & 0 & 1 & -4\\ 0 & 0 & 0 & 0\\ 0 & 0 & 0 & 0\end{pmatrix}$$

因此，$R(\boldsymbol{A})=3$，从而向量组 $\boldsymbol{\alpha}_1,\boldsymbol{\alpha}_2,\boldsymbol{\alpha}_3,\boldsymbol{\alpha}_4$ 的秩为 3，$\boldsymbol{\alpha}_1,\boldsymbol{\alpha}_2,\boldsymbol{\alpha}_3$ 是向量组的一个极大无关组，且 $\boldsymbol{\alpha}_4=\boldsymbol{\alpha}_1+2\boldsymbol{\alpha}_2-4\boldsymbol{\alpha}_3$。

第三节　习 题 选 解

习　题　3-1

3. 用消元法解下列线性方程组。

(1) $\begin{cases} x_1+3x_2-7x_3=-8 \\ 2x_1+5x_2+4x_3=4 \\ 3x_1+7x_2+2x_3=3 \\ x_1+4x_2-12x_3=-15 \end{cases}$　　(4) $\begin{cases} x_1+8x_2-7x_3=12 \\ x_1+9x_2-5x_3=16 \\ x_1+10x_2-3x_3=20 \\ x_1+11x_2-x_3=24 \end{cases}$

(5) $\begin{cases} x_1+x_2+2x_3-x_4=0 \\ 2x_1+x_2+x_3-x_4=0 \\ 2x_1+2x_2+x_3+x_4=0 \end{cases}$

解　(1)对增广矩阵 $\widetilde{\boldsymbol{A}}$ 施以初等行变换，将其化为行最简阶梯形矩阵。

$$\widetilde{\boldsymbol{A}}=\begin{pmatrix} 1 & 3 & -7 & -8 \\ 2 & 5 & 4 & 4 \\ 3 & 7 & 2 & 3 \\ 1 & 4 & -12 & -15 \end{pmatrix}\xrightarrow[r_4-r_1]{\substack{r_2-2r_1\\ r_3-3r_1}}\begin{pmatrix} 1 & 3 & -7 & -8 \\ 0 & -1 & 18 & 20 \\ 0 & -2 & 23 & 27 \\ 0 & 1 & -5 & -7 \end{pmatrix}$$

$$\xrightarrow{r_2\leftrightarrow r_4}\begin{pmatrix} 1 & 3 & -7 & -8 \\ 0 & 1 & -5 & -7 \\ 0 & -2 & 23 & 27 \\ 0 & -1 & 18 & 20 \end{pmatrix}\xrightarrow[r_4+r_2]{r_3+2r_2}\begin{pmatrix} 1 & 3 & -7 & -8 \\ 0 & 1 & -5 & -7 \\ 0 & 0 & 13 & 13 \\ 0 & 0 & 13 & 13 \end{pmatrix}$$

$$\longrightarrow\begin{pmatrix} 1 & 3 & -7 & -8 \\ 0 & 1 & -5 & -7 \\ 0 & 0 & 1 & 1 \\ 0 & 0 & 0 & 0 \end{pmatrix}\longrightarrow\begin{pmatrix} 1 & 0 & 0 & 5 \\ 0 & 1 & 0 & -2 \\ 0 & 0 & 1 & 1 \\ 0 & 0 & 0 & 0 \end{pmatrix}$$

得唯一解为 $x_1=5,\ x_2=-2,\ x_3=1$。

(4) 对增广矩阵 $\widetilde{\boldsymbol{A}}$ 施以初等行变换,将其化为行最简阶梯形矩阵。

$$\widetilde{\boldsymbol{A}}=\begin{pmatrix}1&8&-7&12\\1&9&-5&16\\1&10&-3&20\\1&11&-1&24\end{pmatrix}\xrightarrow[r_4-r_1]{\substack{r_2-r_1\\r_3-r_1}}\begin{pmatrix}1&8&-7&12\\0&1&2&4\\0&2&4&8\\0&3&6&12\end{pmatrix}$$

$$\xrightarrow[r_4-3r_2]{\substack{r_1-8r_2\\r_3-2r_2}}\begin{pmatrix}1&0&-23&-20\\0&1&2&4\\0&0&0&0\\0&0&0&0\end{pmatrix}$$

得解为

$$\begin{cases}x_1=\ \ 23c-20\\x_2=-2c+4\\x_3=\quad c\end{cases}\quad(c\text{ 取任意实数})$$

(5) 对系数矩阵 $\boldsymbol{A}$ 施以初等行变换,将其化为行最简阶梯形矩阵。

$$\boldsymbol{A}=\begin{pmatrix}1&1&2&-1\\2&1&1&-1\\2&2&1&1\end{pmatrix}\xrightarrow[r_3-2r_1]{r_2-2r_1}\begin{pmatrix}1&1&2&-1\\0&-1&-3&1\\0&0&-3&3\end{pmatrix}$$

$$\xrightarrow[-r_2]{-\frac{1}{3}r_3}\begin{pmatrix}1&1&2&-1\\0&1&3&-1\\0&0&1&-1\end{pmatrix}\xrightarrow[r_2-3r_3]{r_1-2r_3}\begin{pmatrix}1&1&0&1\\0&1&0&2\\0&0&1&-1\end{pmatrix}$$

$$\xrightarrow{r_1-r_2}\begin{pmatrix}1&0&0&-1\\0&1&0&2\\0&0&1&-1\end{pmatrix}$$

得解为

$$\begin{cases}x_1=\quad c\\x_2=-2c\\x_3=\quad c\\x_4=\quad c\end{cases}\quad(c\text{ 取任意实数}).$$

4. 判别下列非齐次线性方程组是否有解?若有解,判别是有唯一解,还是有无穷多解?

(2) $\begin{cases}2x_1+7x_2+3x_3+\ \ x_4=6\\3x_1+5x_2+2x_3+2x_4=4\\9x_1+4x_2+\ \ x_3+7x_4=2\end{cases}$　(4) $\begin{cases}x_1-x_2-x_3=0\\x_1+x_2+x_3=1\\x_1-x_2+2x_3=2\\2x_1-2x_2+x_3=2\end{cases}$

解　(2) 对增广矩阵 $\widetilde{\mathbf{A}}$ 施以初等行变换，将其化为行阶梯形矩阵。

$$\widetilde{\mathbf{A}}=\begin{pmatrix}2&7&3&1&6\\3&5&2&2&4\\9&4&1&7&2\end{pmatrix}\xrightarrow[r_3-3r_2]{r_1-r_2}\begin{pmatrix}-1&2&1&-1&2\\3&5&2&2&4\\0&-11&-5&1&-10\end{pmatrix}$$

$$\xrightarrow{r_2+3r_1}\begin{pmatrix}-1&2&1&-1&2\\0&11&5&-1&10\\0&-11&-5&1&-10\end{pmatrix}$$

$$\xrightarrow{r_3+r_2}\begin{pmatrix}-1&2&1&-1&2\\0&11&5&-1&10\\0&0&0&0&0\end{pmatrix}$$

$R(\widetilde{\mathbf{A}})=2<n=4$，所以方程组有无穷多解。

(4) 对增广矩阵 $\widetilde{\mathbf{A}}$ 施以初等行变换，将其化为行阶梯形矩阵。

$$\widetilde{\mathbf{A}}=\begin{pmatrix}1&-1&-1&0\\1&1&1&1\\1&-1&2&2\\2&-2&1&2\end{pmatrix}\xrightarrow[r_4-2r_1]{\substack{r_2-r_1\\r_3-r_1}}\begin{pmatrix}1&-1&-1&0\\0&2&2&1\\0&0&3&2\\0&0&3&2\end{pmatrix}$$

$$\xrightarrow{r_4-r_2}\begin{pmatrix}1&-1&-1&0\\0&2&2&1\\0&0&3&2\\0&0&0&0\end{pmatrix}$$

由于 $R(\mathbf{A})=R(\widetilde{\mathbf{A}})=3=n$，故有唯一解。

5. λ 为何值时，线性方程组

$$\begin{cases}-2x_1+\ \ x_2+\ \ x_3=-2\\ \ \ \ \ x_1-2x_2+\ \ x_3=\lambda\\ \ \ \ \ x_1+\ \ x_2-2x_3=\lambda^2\end{cases}$$

(1) 有唯一解？(2)有无穷多解？(3)无解？

解 对增广矩阵 $\widetilde{\mathbf{A}}$ 施以初等行变换，将其化为行阶梯形矩阵。

$$\widetilde{\mathbf{A}}=\begin{pmatrix}-2&1&1&-2\\1&-2&1&\lambda\\1&1&-2&\lambda^2\end{pmatrix}\xrightarrow{r_1\leftrightarrow r_3}\begin{pmatrix}1&1&-2&\lambda^2\\1&-2&1&\lambda\\-2&1&1&-2\end{pmatrix}$$

$$\xrightarrow[r_3+2r_1]{r_2-r_1}\begin{pmatrix}1&1&-2&\lambda^2\\0&-3&3&\lambda-\lambda^2\\0&3&-3&2\lambda^2-2\end{pmatrix}\xrightarrow{r_3+r_2}\begin{pmatrix}1&1&-2&\lambda^2\\0&-3&3&\lambda-\lambda^2\\0&0&0&\lambda^2+\lambda-2\end{pmatrix}$$

(1) 由于 $R(\mathbf{A})=2$，那么 $R(\mathbf{A})=R(\widetilde{\mathbf{A}})=3$ 不可能成立，所以不论 λ 取什么值，线性方程不可能有唯一解。

(2) 当 $\lambda^2+\lambda-2=0$，即 $\lambda=-2$ 或 $\lambda=1$ 时，有 $R(\mathbf{A})=R(\widetilde{\mathbf{A}})=2<3=n$，线性方程组有无穷多解。

(3) 当 $\lambda\neq-2$ 且 $\lambda\neq1$ 时，$R(\mathbf{A})=2$，$R(\widetilde{\mathbf{A}})=3$，线性方程组无解。

8. λ 为何值时，齐次线性方程组

$$\begin{cases}x_1+x_2+x_3+\lambda x_4=0\\x_1+x_2+\lambda x_3+x_4=0\\x_1+\lambda x_2+x_3+x_4=0\\\lambda x_1+x_2+x_3+x_4=0\end{cases}$$

(1) 只有零解？(2)有非零解？

解 对系数矩阵 $\mathbf{A}$ 施以初等行变换，将其化为行阶梯形矩阵：

$$\mathbf{A}=\begin{pmatrix}1&1&1&\lambda\\1&1&\lambda&1\\1&\lambda&1&1\\\lambda&1&1&1\end{pmatrix}\xrightarrow[r_4-\lambda r_1]{\substack{r_2-r_1\\r_3-r_1}}\begin{pmatrix}1&1&1&\lambda\\0&0&\lambda-1&1-\lambda\\0&\lambda-1&0&1-\lambda\\0&1-\lambda&1-\lambda&1-\lambda^2\end{pmatrix}$$

$$\xrightarrow{r_2\leftrightarrow r_3}\begin{pmatrix}1&1&1&\lambda\\0&\lambda-1&0&1-\lambda\\0&0&\lambda-1&1-\lambda\\0&1-\lambda&1-\lambda&1-\lambda^2\end{pmatrix}\xrightarrow[r_4+r_3]{r_4+r_2}\begin{pmatrix}1&1&1&\lambda\\0&\lambda-1&0&1-\lambda\\0&0&\lambda-1&1-\lambda\\0&0&0&3-2\lambda-\lambda^2\end{pmatrix}$$

(1) 当 $3-2\lambda-\lambda^2\neq0$ 时，即 $\lambda\neq1$ 且 $\lambda\neq-3$ 时，$R(\mathbf{A})=4=n$，所以线性方程组只

有零解。

(2) 当 $\lambda=1$ 或 $\lambda=-3$ 时，$R(\boldsymbol{A})<4=n$ 所以线性方程组有非零解。

习 题 3-2

3. 判断向量 $\boldsymbol{\beta}$ 是否可用向量 $\boldsymbol{\alpha}_1$，$\boldsymbol{\alpha}_2$，$\boldsymbol{\alpha}_3$ 线性表示。若可以，写出表达式。

(1) $\boldsymbol{\beta}=(-3,\ 3,\ 7)^{\mathrm{T}}$，$\boldsymbol{\alpha}_1=(1,\ -1,\ 2)^{\mathrm{T}}$，$\boldsymbol{\alpha}_2=(2,\ 1,\ 0)^{\mathrm{T}}$，$\boldsymbol{\alpha}_3=(-1,\ 2,\ 1)^{\mathrm{T}}$。

解 设有一组数 k_1，k_2，k_3，使

$$\boldsymbol{\beta}=k_1\boldsymbol{\alpha}_1+k_2\boldsymbol{\alpha}_2+k_3\boldsymbol{\alpha}_3$$

对以 k_1，k_2，k_3 为未知量的上述线性方程组的增广矩阵 $\widetilde{\boldsymbol{A}}$ 施以初等行变换，将其化为行最简阶梯形矩阵。

$$\widetilde{\boldsymbol{A}}=\begin{pmatrix}1&2&-1&-3\\-1&1&2&3\\2&0&1&7\end{pmatrix}\xrightarrow[r_3-2r_1]{r_2+r_1}\begin{pmatrix}1&2&-1&-3\\0&3&1&0\\0&-4&3&13\end{pmatrix}$$

$$\xrightarrow{r_3+r_2}\begin{pmatrix}1&2&-1&-3\\0&3&1&0\\0&-1&4&13\end{pmatrix}\xrightarrow{r_2\leftrightarrow r_3}\begin{pmatrix}1&2&-1&-3\\0&-1&4&13\\0&3&1&0\end{pmatrix}$$

$$\xrightarrow{r_3+3r_2}\begin{pmatrix}1&2&-1&-3\\0&-1&4&13\\0&0&13&39\end{pmatrix}\xrightarrow[\frac{1}{13}r_3]{-r_2}\begin{pmatrix}1&2&-1&-3\\0&1&-4&-13\\0&0&1&3\end{pmatrix}$$

$$\xrightarrow[r_1+r_3]{r_2+4r_3}\begin{pmatrix}1&2&0&0\\0&1&0&-1\\0&0&1&3\end{pmatrix}\xrightarrow{r_1-2r_2}\begin{pmatrix}1&0&0&2\\0&1&0&-1\\0&0&1&3\end{pmatrix}$$

得解 $k_1=2$，$k_2=-1$，$k_3=3$，可以线性表示，且表达式为

$$\boldsymbol{\beta}=2\boldsymbol{\alpha}_1-\boldsymbol{\alpha}_2+3\boldsymbol{\alpha}_3$$

5. 设向量 $\boldsymbol{\beta}=(0,\ \lambda,\ \lambda^2)^{\mathrm{T}}$ 及向量组 $\boldsymbol{\alpha}_1=(1+\lambda,\ 1,\ 1)^{\mathrm{T}}$，$\boldsymbol{\alpha}_2=(1,\ 1+\lambda,\ 1)^{\mathrm{T}}$，$\boldsymbol{\alpha}_3=(1,\ 1,\ 1+\lambda)^{\mathrm{T}}$。当 λ 取何值时：

(1) 向量 $\boldsymbol{\beta}$ 可由向量组 $\boldsymbol{\alpha}_1$，$\boldsymbol{\alpha}_2$，$\boldsymbol{\alpha}_3$ 线性表示，且表达式唯一？

(2) 向量 $\boldsymbol{\beta}$ 可由向量组 $\boldsymbol{\alpha}_1$，$\boldsymbol{\alpha}_2$，$\boldsymbol{\alpha}_3$ 线性表示，但表达式不唯一？

(3) 向量 $\boldsymbol{\beta}$ 不能由向量组 $\boldsymbol{\alpha}_1$，$\boldsymbol{\alpha}_2$，$\boldsymbol{\alpha}_3$ 线性表示？

解 设有一组数 k_1, k_2, k_3,使

$$k_1\boldsymbol{\alpha}_1 + k_2\boldsymbol{\alpha}_2 + k_3\boldsymbol{\alpha}_3 = \boldsymbol{\beta}$$

对以 k_1, k_2, k_3 为未知量的上述线性方程组的增广矩阵 $\widetilde{\boldsymbol{A}}$ 施以初等行变换,将其化为行阶梯形矩阵。

$$\widetilde{\boldsymbol{A}} = \begin{pmatrix} 1+\lambda & 1 & 1 & 0 \\ 1 & 1+\lambda & 1 & \lambda \\ 1 & 1 & 1+\lambda & \lambda^2 \end{pmatrix} \xrightarrow{r_1 \leftrightarrow r_2} \begin{pmatrix} 1 & 1+\lambda & 1 & \lambda \\ 1+\lambda & 1 & 1 & 0 \\ 1 & 1 & 1+\lambda & \lambda^2 \end{pmatrix}$$

$$\xrightarrow[r_3 - r_1]{r_2-(1+\lambda)r_1} \begin{pmatrix} 1 & 1+\lambda & 1 & \lambda \\ 0 & -\lambda(\lambda+2) & -\lambda & -\lambda(1+\lambda) \\ 0 & -\lambda & \lambda & \lambda^2-\lambda \end{pmatrix}$$

$$\xrightarrow{r_2 \leftrightarrow r_3} \begin{pmatrix} 1 & 1+\lambda & 1 & \lambda \\ 0 & -\lambda & \lambda & \lambda^2-\lambda \\ 0 & -\lambda(\lambda+2) & -\lambda & -\lambda(1+\lambda) \end{pmatrix}$$

$$\xrightarrow[\frac{1}{\lambda}r_2 \quad \frac{1}{\lambda}r_3]{\text{若}\lambda\neq 0} \begin{pmatrix} 1 & 1+\lambda & 1 & \lambda \\ 0 & -1 & 1 & \lambda-1 \\ 0 & -(\lambda+2) & -1 & -(\lambda+1) \end{pmatrix}$$

$$\xrightarrow{r_3-(\lambda+2)r_2} \begin{pmatrix} 1 & 1+\lambda & 1 & \lambda \\ 0 & -1 & 1 & \lambda-1 \\ 0 & 0 & -\lambda-3 & -\lambda^2-2\lambda+1 \end{pmatrix}$$

所以:

(1) 当 $\lambda\neq 0$ 且 $\lambda\neq -3$ 时,$R(\boldsymbol{\alpha}_1, \boldsymbol{\alpha}_2, \boldsymbol{\alpha}_3) = R(\boldsymbol{\alpha}_1, \boldsymbol{\alpha}_2, \boldsymbol{\alpha}_3, \boldsymbol{\beta}) = 3$,从而线性方程组有唯一解,则向量 $\boldsymbol{\beta}$ 可由向量组 $\boldsymbol{\alpha}_1, \boldsymbol{\alpha}_2, \boldsymbol{\alpha}_3$ 线性表示,且表达式唯一。

(2) 当 $\lambda=0$ 时,增广矩阵 $\widetilde{\boldsymbol{A}}$ 化为

$$\widetilde{\boldsymbol{A}} = \begin{pmatrix} 1 & 1 & 1 & 0 \\ 0 & 0 & 0 & 0 \\ 0 & 0 & 0 & 0 \end{pmatrix}$$

所以,线性方程组有无穷多解,则向量 $\boldsymbol{\beta}$ 可由向量组 $\boldsymbol{\alpha}_1, \boldsymbol{\alpha}_2, \boldsymbol{\alpha}_3$ 线性表示,但表达式不唯一。

(3) 当 $\lambda=-3$ 时,增广矩阵 $\widetilde{A}$ 化为

$$\widetilde{\boldsymbol{A}} \longrightarrow \begin{pmatrix} 1 & 1 & -2 & 9 \\ 0 & 3 & -3 & 18 \\ 0 & 0 & 0 & 6 \end{pmatrix}$$

由于 $R(\boldsymbol{\alpha}_1, \boldsymbol{\alpha}_2, \boldsymbol{\alpha}_3)=2$, $R(\widetilde{\boldsymbol{A}})=3$,线性方程组无解,由向量 $\boldsymbol{\beta}$ 不能由向量组 $\boldsymbol{\alpha}_1, \boldsymbol{\alpha}_2$, $\boldsymbol{\alpha}_3$ 线性表示。

习 题 3-3

1. 利用矩阵的初等变换,判别向量组的线性相关性。

(1) $\boldsymbol{\alpha}_1=(3, 1, 0, 2)^{\mathrm{T}}$, $\boldsymbol{\alpha}_2=(1, -1, 2, -1)^{\mathrm{T}}$, $\boldsymbol{\alpha}_3=(1, 3, -4, 4)^{\mathrm{T}}$

(3) $\boldsymbol{\alpha}_1=(1, 0, -1, 0, 1)^{\mathrm{T}}$ $\boldsymbol{\alpha}_2=(1, 1, 3, 1, 1)^{\mathrm{T}}$ $\boldsymbol{\alpha}_3=(2, 2, 0, 0, 0)^{\mathrm{T}}$, $\boldsymbol{\alpha}_4=(0, 0, 1, 1, 1)^{\mathrm{T}}$

解 (1) 构建矩阵 $\boldsymbol{A}=(\boldsymbol{\alpha}_1, \boldsymbol{\alpha}_2, \boldsymbol{\alpha}_3)$。并对矩阵 $\boldsymbol{A}$ 施以初等行变换,将其化为行阶梯形矩阵。

$$\boldsymbol{A}=\begin{pmatrix} 3 & 1 & 1 \\ 1 & -1 & 3 \\ 0 & 2 & -4 \\ 2 & -1 & 4 \end{pmatrix} \xrightarrow{r_1 \leftrightarrow r_2} \begin{pmatrix} 1 & -1 & 3 \\ 3 & 1 & 1 \\ 0 & 2 & -4 \\ 2 & -1 & 4 \end{pmatrix} \xrightarrow[r_4-2r_1]{r_2-3r_1} \begin{pmatrix} 1 & -1 & 3 \\ 0 & 4 & -8 \\ 0 & 2 & -4 \\ 0 & 1 & -2 \end{pmatrix}$$

$$\xrightarrow{r_2 \leftrightarrow r_4} \begin{pmatrix} 1 & -1 & 3 \\ 0 & 1 & -2 \\ 0 & 2 & -4 \\ 0 & 4 & -8 \end{pmatrix} \xrightarrow[r_4-4r_2]{r_3-2r_2} \begin{pmatrix} 1 & -1 & 3 \\ 0 & 1 & -2 \\ 0 & 0 & 0 \\ 0 & 0 & 0 \end{pmatrix}$$

$R(\boldsymbol{A})=2$,于是 $\boldsymbol{\alpha}_1, \boldsymbol{\alpha}_2, \boldsymbol{\alpha}_3$ 线性相关。

(3) 构建矩阵 $\boldsymbol{A}=(\boldsymbol{\alpha}_1, \boldsymbol{\alpha}_2, \boldsymbol{\alpha}_3, \boldsymbol{\alpha}_4)$,并对矩阵 $\boldsymbol{A}$ 施以初等行变换,将其化为行阶梯形矩阵。

$$\boldsymbol{A}=\begin{pmatrix} 1 & 1 & 2 & 0 \\ 0 & 1 & 2 & 0 \\ -1 & 3 & 0 & 1 \\ 0 & 1 & 0 & 1 \\ 1 & 1 & 0 & 1 \end{pmatrix} \xrightarrow[r_5-r_1]{r_3+r_1} \begin{pmatrix} 1 & 1 & 2 & 0 \\ 0 & 1 & 2 & 0 \\ 0 & 4 & 2 & 1 \\ 0 & 1 & 0 & 1 \\ 0 & 0 & -2 & 1 \end{pmatrix} \xrightarrow[r_4-r_2]{r_3-4r_2} \begin{pmatrix} 1 & 1 & 2 & 0 \\ 0 & 1 & 2 & 0 \\ 0 & 0 & -6 & 1 \\ 0 & 0 & -2 & 1 \\ 0 & 0 & -2 & 1 \end{pmatrix}$$

$$\xrightarrow{r_3 \leftrightarrow r_4}\begin{pmatrix}1 & 1 & 2 & 0\\0 & 1 & 2 & 0\\0 & 0 & -2 & 1\\0 & 0 & -6 & 1\\0 & 0 & -2 & 1\end{pmatrix}\xrightarrow[r_5 - r_3]{r_4 - 3r_3}\begin{pmatrix}1 & 1 & 2 & 0\\0 & 1 & 2 & 0\\0 & 0 & -2 & 1\\0 & 0 & 0 & -2\\0 & 0 & 0 & 0\end{pmatrix}$$

$R(\boldsymbol{A})=4$,于是 $\boldsymbol{\alpha}_1,\boldsymbol{\alpha}_2,\boldsymbol{\alpha}_3,\boldsymbol{\alpha}_4$ 线性无关。

2. 设向量 $\boldsymbol{\alpha}_1=(6, a+1, 3)^{\mathrm{T}}$,$\boldsymbol{\alpha}_2=(a, 2, -2)^{\mathrm{T}}$,$\boldsymbol{\alpha}_3=(a, 1, 0)^{\mathrm{T}}$,$\boldsymbol{\alpha}_4=(0, 1, a)^{\mathrm{T}}$,试问:

(1) a 为何值时,向量组 $\boldsymbol{\alpha}_1,\boldsymbol{\alpha}_2,\boldsymbol{\alpha}_3$ 线性相关?

(2) a 为何值时,向量组 $\boldsymbol{\alpha}_1,\boldsymbol{\alpha}_2,\boldsymbol{\alpha}_3,\boldsymbol{\alpha}_4$ 线性无关?

解 (1) 构建矩阵 $\boldsymbol{A}=(\boldsymbol{\alpha}_1,\boldsymbol{\alpha}_2,\boldsymbol{\alpha}_3)$。

$\boldsymbol{A}=\begin{pmatrix}6 & a & a\\a+1 & 2 & 1\\3 & -2 & 0\end{pmatrix}$,由 $|\boldsymbol{A}|=-2a^2-5a+12=0$ 得

$a=-4$,或 $a=\dfrac{3}{2}$,于是,此时 $R(\boldsymbol{A})<3$,从而 $\boldsymbol{\alpha}_1,\boldsymbol{\alpha}_2,\boldsymbol{\alpha}_3$ 线性相关。

(2) 构建矩阵 $\boldsymbol{B}=(\boldsymbol{\alpha}_1,\boldsymbol{\alpha}_2,\boldsymbol{\alpha}_3,\boldsymbol{\alpha}_4)$。

$$\boldsymbol{B}=\begin{pmatrix}6 & a & a & 0\\a+1 & 2 & 1 & 1\\3 & -2 & 0 & a\end{pmatrix},R(\boldsymbol{B})=r<4$$

所以对任意 a,$\boldsymbol{\alpha}_1,\boldsymbol{\alpha}_2,\boldsymbol{\alpha}_3,\boldsymbol{\alpha}_4$ 都线性相关。

4. 如果向量组 $\boldsymbol{\alpha}_1,\boldsymbol{\alpha}_2,\cdots,\boldsymbol{\alpha}_s$ 线性无关,试证:向量组 $\boldsymbol{\alpha}_1,\boldsymbol{\alpha}_1+\boldsymbol{\alpha}_2,\cdots,\boldsymbol{\alpha}_1+\boldsymbol{\alpha}_2+\cdots+\boldsymbol{\alpha}_s$ 线性无关。

证明 设有一组数 $k_1,k_2,\cdots,k_s$,故

$$k_1\boldsymbol{\alpha}_1+k_2(\boldsymbol{\alpha}_1+\boldsymbol{\alpha}_2)+\cdots+k_s(\boldsymbol{\alpha}_1+\boldsymbol{\alpha}_2+\cdots+\boldsymbol{\alpha}_s)=\boldsymbol{O}$$

即

$$(k_1+k_2+\cdots+k_s)\boldsymbol{\alpha}_1+(k_2+k_3+\cdots+k_s)\boldsymbol{\alpha}_2+\cdots+k_s\boldsymbol{\alpha}_s=\boldsymbol{O}$$

因为向量组 $\boldsymbol{\alpha}_1,\boldsymbol{\alpha}_2,\cdots,\boldsymbol{\alpha}_s$ 线性无关,得齐次线性方程组

$$\begin{cases} k_1+k_2+k_3+\cdots+k_s=0 \\ \quad k_2+k_3+\cdots+k_s=0 \\ \quad\cdots\cdots\cdots\cdots\cdots\cdots \\ \quad\quad k_s=0 \end{cases},$$

其系数行列式 $\begin{vmatrix} 1 & 1 & 1 & \cdots & 1 \\ 0 & 1 & 1 & \cdots & 1 \\ \cdots & \cdots & \cdots & \cdots & \cdots \\ 0 & 0 & 0 & \cdots & 1 \end{vmatrix}=1$。

所以线性方程组只有唯一的零解，$k_1=k_2=\cdots=k_s=0$，则向量组 $\boldsymbol{\alpha}_1$，$\boldsymbol{\alpha}_1+\boldsymbol{\alpha}_2$，…，$\boldsymbol{\alpha}_1+\boldsymbol{\alpha}_2+\cdots\boldsymbol{\alpha}_s$ 线性无关。

5. 设向量组 $\boldsymbol{\alpha}_1$，$\boldsymbol{\alpha}_2$，…，$\boldsymbol{\alpha}_m$ 线性无关，且向量 $\boldsymbol{\beta}_1$ 可由向量组 $\boldsymbol{\alpha}_1$，$\boldsymbol{\alpha}_2$，…，$\boldsymbol{\alpha}_m$ 线性表示，而向量 $\boldsymbol{\beta}_2$ 不能用向量组 $\boldsymbol{\alpha}_1$，$\boldsymbol{\alpha}_2$，…，$\boldsymbol{\alpha}_m$ 线性表示。证明：向量组 $\boldsymbol{\alpha}_1$，$\boldsymbol{\alpha}_2$，…，$\boldsymbol{\alpha}_m$，$t\boldsymbol{\beta}_1+\boldsymbol{\beta}_2$ 线性无关，其中 t 是任意常数。

证明 设有一组数 k_1，k_2，…，k_m，k_{m+1}，使

$$k_1\boldsymbol{\alpha}_1+k_2\boldsymbol{\alpha}_2+\cdots+k_m\boldsymbol{\alpha}_m+k_{m+1}(t\boldsymbol{\beta}_1+\boldsymbol{\beta}_2)=\boldsymbol{O} \tag{3-2}$$

因为 $\boldsymbol{\beta}_1$ 是向量组 $\boldsymbol{\alpha}_1$，$\boldsymbol{\alpha}_2$，…，$\boldsymbol{\alpha}_m$ 的线性组合，设有一组数 l_1，l_2，…，l_m，有

$$\boldsymbol{\beta}_1=l_1\boldsymbol{\alpha}_1+l_2\boldsymbol{\alpha}_2+\cdots+l_m\boldsymbol{\alpha}_m$$

代入上式(3-2)得

$$k_1\boldsymbol{\alpha}_1+k_2\boldsymbol{\alpha}_2+\cdots+k_m\boldsymbol{\alpha}_m+k_{m+1}[t(l_1\boldsymbol{\alpha}_1+l_2\boldsymbol{\alpha}_2+\cdots+l_m\boldsymbol{\alpha}_m)+\boldsymbol{\beta}_2]=\boldsymbol{O}$$

于是

$$(k_1+k_{m+1}tl_1)\boldsymbol{\alpha}_1+(k_2+k_{m+1}tl_2)\boldsymbol{\alpha}_2+\cdots+(k_m+k_{m+1}tl_m)\boldsymbol{\alpha}_m+k_{m+1}\boldsymbol{\beta}_2=\boldsymbol{O}$$

如果 $k_{m+1}\neq 0$，则由上式得 $\boldsymbol{\beta}_2$ 可由向量组 $\boldsymbol{\alpha}_1$，$\boldsymbol{\alpha}_2$，…，$\boldsymbol{\alpha}_m$ 线性表示，与题目的已知条件矛盾，所以 $k_{m+1}=0$。由(3-2)式得

$$k_1\boldsymbol{\alpha}_1+k_2\boldsymbol{\alpha}_2+\cdots+k_m\boldsymbol{\alpha}_m=\boldsymbol{O} \tag{3-3}$$

由于向量组 $\boldsymbol{\alpha}_1$，$\boldsymbol{\alpha}_2$，…，$\boldsymbol{\alpha}_m$ 线性无关，由(3-3)式得

$$k_1=k_2=\cdots=k_m=0$$

于是要使(3-2)式成立，必须 $k_1=k_2=\cdots=k_m=k_{m+1}=0$，因此，对任意 t，向量组 $\boldsymbol{\alpha}_1$，$\boldsymbol{\alpha}_2$，…，$\boldsymbol{\alpha}_m$，$t\boldsymbol{\beta}_1+\boldsymbol{\beta}_2$ 线性无关。

6. 求下列向量组的一个极大无关组,并将其余向量用该极大无关组线性表示。

(1) $\boldsymbol{\alpha}_1=(1,2,1)^T$, $\boldsymbol{\alpha}_2=(2,1,3)^T$, $\boldsymbol{\alpha}_3=(3,0,4)^T$, $\boldsymbol{\alpha}_4=(5,1,6)^T$

(3) $\boldsymbol{\alpha}_1=(2,1,1,1)^T$, $\boldsymbol{\alpha}_2=(-1,1,7,10)^T$, $\boldsymbol{\alpha}_3=(3,1,-1,-2)^T$, $\boldsymbol{\alpha}_4=(5,8,9,11)^T$

解 (1) 作矩阵$\boldsymbol{A}=(\boldsymbol{\alpha}_1,\boldsymbol{\alpha}_2,\boldsymbol{\alpha}_3,\boldsymbol{\alpha}_4)$,对$\boldsymbol{A}$施以初等行变换,将其化为行最简阶梯形矩阵。

$$\boldsymbol{A}=\begin{pmatrix}1&2&3&5\\2&1&0&1\\1&3&4&6\end{pmatrix}\xrightarrow[r_3-r_1]{r_2-2r_1}\begin{pmatrix}1&2&3&5\\0&-3&-6&-9\\0&1&1&1\end{pmatrix}$$

$$\xrightarrow{r_2\leftrightarrow r_3}\begin{pmatrix}1&2&3&5\\0&1&1&1\\0&-3&-6&-9\end{pmatrix}\xrightarrow[r_1-2r_2]{r_3+3r_2}\begin{pmatrix}1&0&1&3\\0&1&1&1\\0&0&-3&-6\end{pmatrix}$$

$$\xrightarrow{-\frac{1}{3}r_3}\begin{pmatrix}1&0&1&3\\0&1&1&1\\0&0&1&2\end{pmatrix}\xrightarrow[r_2-r_3]{r_1-r_3}\begin{pmatrix}1&0&0&1\\0&1&0&-1\\0&0&1&2\end{pmatrix}$$

$R(\boldsymbol{A})=3$,所以向量组$\boldsymbol{\alpha}_1,\boldsymbol{\alpha}_2,\boldsymbol{\alpha}_3,\boldsymbol{\alpha}_4$的秩为3,且$\boldsymbol{\alpha}_1,\boldsymbol{\alpha}_2,\boldsymbol{\alpha}_3$是一个极大无关组,$\boldsymbol{\alpha}_4=\boldsymbol{\alpha}_1-\boldsymbol{\alpha}_2+2\boldsymbol{\alpha}_3$。

(3) 作矩阵$\boldsymbol{A}=(\boldsymbol{\alpha}_1,\boldsymbol{\alpha}_2,\boldsymbol{\alpha}_3,\boldsymbol{\alpha}_4)$,对$\boldsymbol{A}$施以初等行变换,将其化为行最简阶梯形矩阵。

$$\boldsymbol{A}=\begin{pmatrix}2&-1&3&8\\1&1&1&5\\1&7&-1&9\\1&10&-2&11\end{pmatrix}\xrightarrow[\substack{r_3-r_2\\r_4-r_2}]{r_1-r_2}\begin{pmatrix}0&-3&1&-2\\1&1&1&5\\0&6&-2&4\\0&9&-3&6\end{pmatrix}$$

$$\xrightarrow[-\frac{1}{3}r_1]{\substack{r_3-2r_1\\r_4-3r_1}}\begin{pmatrix}0&1&-\frac{1}{3}&\frac{2}{3}\\1&1&1&5\\0&0&0&0\\0&0&0&0\end{pmatrix}\xrightarrow{r_2-r_1}\begin{pmatrix}0&1&-\frac{1}{3}&\frac{2}{3}\\1&0&\frac{4}{3}&\frac{13}{3}\\0&0&0&0\\0&0&0&0\end{pmatrix}$$

$$\xrightarrow{r_1\leftrightarrow r_2}\begin{pmatrix}1&0&\frac{4}{3}&\frac{13}{3}\\0&1&-\frac{1}{3}&\frac{2}{3}\\0&0&0&0\\0&0&0&0\end{pmatrix}$$

$R(\boldsymbol{A})=2$,所以向量组 $\boldsymbol{\alpha}_1, \boldsymbol{\alpha}_2, \boldsymbol{\alpha}_3, \boldsymbol{\alpha}_4$ 的秩是 2, $\boldsymbol{\alpha}_1, \boldsymbol{\alpha}_2$ 是一个极大无关组,且

$$\boldsymbol{\alpha}_3=\frac{4}{3}\boldsymbol{\alpha}_1-\frac{1}{3}\boldsymbol{\alpha}_2,\quad \boldsymbol{\alpha}_4=\frac{13}{3}\boldsymbol{\alpha}_1+\frac{2}{3}\boldsymbol{\alpha}_3$$

习 题 3-4

3. 求下列齐次线性方程组的一个基础解系及通解。

(1) $\begin{cases}3x_1+7x_2+8x_3=0\\ x_1+2x_2+5x_3=0\\ x_1+3x_2-2x_3=0\end{cases}$ (4) $\begin{cases}2x_1-4x_2+6x_3+2x_4+x_5=0\\ 3x_1-6x_2+9x_3+3x_4+x_5=0\\ 4x_1-8x_2+12x_3+4x_4+x_5=0\end{cases}$

解 (1) 对系数矩阵 $\boldsymbol{A}$ 施以初等行变换,将其化为行最简阶梯形矩阵。

$$\boldsymbol{A}=\begin{pmatrix}3&7&8\\1&2&5\\1&3&-2\end{pmatrix}\xrightarrow{r_1\leftrightarrow r_2}\begin{pmatrix}1&2&5\\3&7&8\\1&3&-2\end{pmatrix}\xrightarrow[r_3-r_1]{r_2-3r_1}\begin{pmatrix}1&2&5\\0&1&-7\\0&1&-7\end{pmatrix}\xrightarrow[r_3-r_2]{r_1-2r_2}\begin{pmatrix}1&0&19\\0&1&-7\\0&0&0\end{pmatrix}$$

解为

$$\begin{cases}x_1=-19c\\ x_2=\quad 7c\\ x_3=\quad c\end{cases}\quad (c\text{ 取任意实数})$$

一个基础解系为

$$\boldsymbol{\xi}=(-19,7,1)^{\mathrm{T}}$$

通解为 $X=c\boldsymbol{\xi}$(c 取任意实数)。

(4) 对系数矩阵 $\boldsymbol{A}$ 施以初等行变换,将其化为行最简阶梯形矩阵。

$$\boldsymbol{A}=\begin{pmatrix}2&-4&6&2&1\\3&-6&9&3&1\\4&-8&12&4&1\end{pmatrix}\xrightarrow[r_3-r_2]{r_1-r_2}\begin{pmatrix}-1&2&-3&-1&0\\3&-6&9&3&1\\1&-2&3&1&0\end{pmatrix}$$

$$\xrightarrow[r_3+r_1]{r_2+3r_1}\begin{pmatrix}-1&2&-3&-1&0\\0&0&0&0&1\\0&0&0&0&0\end{pmatrix}\xrightarrow{-r_1}\begin{pmatrix}1&-2&3&1&0\\0&0&0&0&1\\0&0&0&0&0\end{pmatrix}$$

解为
$$\begin{cases} x_1 = 2c_1 - 3c_2 - c_3 \\ x_2 = c_1 \\ x_3 = c_2 \\ x_4 = c_3 \\ x_5 = 0 \end{cases}$$

一个基础解系为

$$\boldsymbol{\xi}_1 = (2, 1, 0, 0, 0)^{\mathrm{T}}, \quad \boldsymbol{\xi}_2 = (-3, 0, 1, 0, 0)^{\mathrm{T}},$$
$$\boldsymbol{\xi}_3 = (-1, 0, 0, 1, 0)^{\mathrm{T}}$$

通解为

$$\boldsymbol{X} = c_1\boldsymbol{\xi}_1 + c_2\boldsymbol{\xi}_2 + c_3\boldsymbol{\xi}_3 \ (c_1, c_2, c_3 \text{ 取任意实数})$$

4. 求下列非齐次线性方程组的通解。

$$(1)\begin{cases} x_1 - x_2 - x_3 + x_4 = 0 \\ x_1 - x_2 + x_3 - 3x_4 = 1 \\ x_1 - x_2 - 2x_3 + 3x_4 = -\dfrac{1}{2} \end{cases}$$

解 对增广矩阵 $\widetilde{\boldsymbol{A}}$ 施以初等行变换,将其化为行最简阶梯形矩阵。

$$\widetilde{\boldsymbol{A}} = \begin{pmatrix} 1 & -1 & -1 & 1 & 0 \\ 1 & -1 & 1 & -3 & 1 \\ 1 & -1 & -2 & 3 & -\dfrac{1}{2} \end{pmatrix} \xrightarrow[r_3 - r_1]{r_2 - r_1} \begin{pmatrix} 1 & -1 & -1 & 1 & 0 \\ 0 & 0 & 2 & -4 & 1 \\ 0 & 0 & -1 & 2 & -\dfrac{1}{2} \end{pmatrix}$$

$$\xrightarrow{\frac{1}{2}r_2} \begin{pmatrix} 1 & -1 & -1 & 1 & 0 \\ 0 & 0 & 1 & -2 & \dfrac{1}{2} \\ 0 & 0 & -1 & 2 & -\dfrac{1}{2} \end{pmatrix} \xrightarrow[r_3 + r_2]{r_1 + r_2} \begin{pmatrix} 1 & -1 & 0 & -1 & \dfrac{1}{2} \\ 0 & 0 & 1 & -2 & \dfrac{1}{2} \\ 0 & 0 & 0 & 0 & 0 \end{pmatrix}$$

由于 $R(\mathbf{A}) = R(\widetilde{\mathbf{A}}) = 2 < 4 = n$,所以有无穷多解,故通解为

$$\begin{pmatrix} x_1 \\ x_2 \\ x_3 \\ x_4 \end{pmatrix} = c_1 \begin{pmatrix} 1 \\ 1 \\ 0 \\ 0 \end{pmatrix} + c_2 \begin{pmatrix} 1 \\ 0 \\ 2 \\ 1 \end{pmatrix} + \begin{pmatrix} \frac{1}{2} \\ 0 \\ \frac{1}{2} \\ 0 \end{pmatrix} \quad (c_1, c_2 \text{ 取任意实数})$$

5. λ 为何值时，线性方程组

$$\begin{cases} \lambda x_1 + x_2 + x_3 = \lambda - 3 \\ x_1 + \lambda x_2 + x_3 = -2 \\ x_1 + x_2 + \lambda x_3 = -2 \end{cases}$$

(1) 无解？(2)有唯一解？(3)有无穷多解？并求出其通解。

解　对增广矩阵 $\widetilde{\mathbf{A}}$ 施以初等行变换，将其化为行阶梯形矩阵。

$$\widetilde{\mathbf{A}} = \begin{pmatrix} \lambda & 1 & 1 & \lambda-3 \\ 1 & \lambda & 1 & -2 \\ 1 & 1 & \lambda & -2 \end{pmatrix} \xrightarrow{r_1 \leftrightarrow r_3} \begin{pmatrix} 1 & 1 & \lambda & -2 \\ 1 & \lambda & 1 & -2 \\ \lambda & 1 & 1 & \lambda-3 \end{pmatrix}$$

$$\xrightarrow[r_3 - r_1]{r_2 - r_1} \begin{pmatrix} 1 & 1 & \lambda & -2 \\ 0 & \lambda-1 & 1-\lambda & 0 \\ \lambda-1 & 0 & 1-\lambda & \lambda-1 \end{pmatrix}$$

$$\xrightarrow{\text{如 } \lambda-1 \neq 0} \begin{pmatrix} 1 & 1 & \lambda & -2 \\ 0 & 1 & -1 & 0 \\ 1 & 0 & -1 & 1 \end{pmatrix} \xrightarrow{r_1 \leftrightarrow r_3} \begin{pmatrix} 1 & 0 & -1 & 1 \\ 0 & 1 & -1 & 0 \\ 1 & 1 & \lambda & -2 \end{pmatrix}$$

$$\xrightarrow{r_3 - r_1} \begin{pmatrix} 1 & 0 & -1 & 1 \\ 0 & 1 & -1 & 0 \\ 0 & 1 & \lambda+1 & -3 \end{pmatrix} \xrightarrow{r_3 - r_2} \begin{pmatrix} 1 & 0 & -1 & 1 \\ 0 & 1 & -1 & 0 \\ 0 & 0 & \lambda+2 & -3 \end{pmatrix}$$

(1) $\lambda+2=0$，即 $\lambda=-2$ 时，$R(\mathbf{A})=2$，$R(\widetilde{\mathbf{A}})=3$，方程组无解。

(2) $\lambda \neq -2$，且 $\lambda \neq 1$ 时，$R(\widetilde{\mathbf{A}})=R(\mathbf{A})=3$，方程组有唯一解。

(3) 当 $\lambda=1$ 时，

$$\widetilde{\mathbf{A}} = \begin{pmatrix} 1 & 1 & 1 & -2 \\ 1 & 1 & 1 & -2 \\ 1 & 1 & 1 & -2 \end{pmatrix} \longrightarrow \begin{pmatrix} 1 & 1 & 1 & -2 \\ 0 & 0 & 0 & 0 \\ 0 & 0 & 0 & 0 \end{pmatrix}$$

$R(\boldsymbol{A})=R(\widetilde{\boldsymbol{A}})=1$，有无穷多解。通解为

$$\boldsymbol{X}=c_1\begin{pmatrix}-1\\1\\0\end{pmatrix}+c_2\begin{pmatrix}-1\\0\\1\end{pmatrix}+\begin{pmatrix}-2\\0\\0\end{pmatrix}\ (c_1,\ c_2\ 取任意实数)$$

6. 设 $\boldsymbol{A}=m\times n$ 矩阵，$\boldsymbol{B}$ 为 n 阶方阵，$R(\boldsymbol{A})=n$，且 $\boldsymbol{AB}=\boldsymbol{O}$，证明：$\boldsymbol{B}=0$。

证明　因为 $R(\boldsymbol{A})=n$，所以齐次线性方程组 $\boldsymbol{AX}=\boldsymbol{O}$ 只有零解。

设 $\boldsymbol{P}_1,\boldsymbol{P}_2,\cdots,\boldsymbol{P}_n$ 为方阵 $\boldsymbol{B}$ 的 n 个列向量，则 $\boldsymbol{B}=(\boldsymbol{P}_1,\boldsymbol{P}_2,\cdots,\boldsymbol{P}_n)$。

因为 $\boldsymbol{AB}=\boldsymbol{O}$，所以

$$\boldsymbol{AP}_1=\boldsymbol{O},\ \boldsymbol{AP}_2=\boldsymbol{O},\ \cdots,\ \boldsymbol{AP}_n=\boldsymbol{O}$$

从而 $\boldsymbol{P}_1,\boldsymbol{P}_2,\cdots,\boldsymbol{P}_n$ 为齐次线性方程组 $\boldsymbol{AX}=\boldsymbol{O}$ 的解向量，于是

$$\boldsymbol{P}_1=\boldsymbol{P}_2=\cdots=\boldsymbol{P}_n=\boldsymbol{O}$$

得

$$\boldsymbol{B}=\boldsymbol{O}$$

7. 设 $\boldsymbol{\eta}$ 是 n 元非齐次线性方程组 $\boldsymbol{AX}=\boldsymbol{b}$ 的一个解，$R(\boldsymbol{A})=r$，$\boldsymbol{\xi}_1,\boldsymbol{\xi}_2,\cdots,\boldsymbol{\xi}_{n-r}$ 是对应的齐次线性方程组 $\boldsymbol{AX}=\boldsymbol{O}$ 的一个基础解系，证明：向量组 $\boldsymbol{\eta},\boldsymbol{\eta}+\boldsymbol{\xi}_1,\boldsymbol{\eta}+\boldsymbol{\xi}_2,\cdots,\boldsymbol{\eta}+\boldsymbol{\xi}_{n-r}$ 线性无关。

证明　设有一组数 $k,k_1,k_2,k_3,\cdots,k_{n-r}$ 使

$$k\boldsymbol{\eta}+k_1(\boldsymbol{\eta}+\boldsymbol{\xi}_1)+k_2(\boldsymbol{\eta}+\boldsymbol{\xi}_2)+\cdots+k_{n-r}(\boldsymbol{\eta}+\boldsymbol{\xi}_{n-r})=\boldsymbol{O}\quad(3\text{-}4)$$

即

$$(k+k_1+k_2+\cdots+k_{n-r})\boldsymbol{\eta}+k_1\boldsymbol{\xi}_1+k_2\boldsymbol{\xi}_2+\cdots+k_{n-r}\boldsymbol{\xi}_{n-r}=\boldsymbol{O}\quad(3\text{-}5)$$

如果 $k+k_1+k_2+\cdots+k_{n-r}\neq 0$，由(3-5)式得

$$\boldsymbol{\eta}=\frac{1}{k+k_1+k_2+\cdots+k_{n-r}}(k_1\boldsymbol{\xi}_1+k_2\boldsymbol{\xi}_2+\cdots+k_{n-r}\boldsymbol{\xi}_{n-r})$$

从而 $\boldsymbol{A\eta}=\boldsymbol{O}$，矛盾于 $\boldsymbol{\eta}$ 是 $\boldsymbol{AX}=\boldsymbol{b}$ 的解，于是

$$k+k_1+k_2+\cdots+k_{n-r}=0\quad(3\text{-}6)$$

于是由(3-5)式得

$$k_1\boldsymbol{\xi}_1+k_2\boldsymbol{\xi}_2+\cdots+k_{n-r}\boldsymbol{\xi}_{n-r}=\boldsymbol{O}\quad(3\text{-}7)$$

因为 $\boldsymbol{\xi}_1,\boldsymbol{\xi}_2,\cdots,\boldsymbol{\xi}_{n-r}$ 是齐次线性方程组 $\boldsymbol{AX}=\boldsymbol{O}$ 的一个基础解系，所以 $\boldsymbol{\xi}_1,\boldsymbol{\xi}_2,\cdots,\boldsymbol{\xi}_{n-r}$ 线性无关。由(3-7)式得

$$k_1 = k_2 = \cdots = k_{n-r}$$

由(3-6)式得 $k=0$,从而向量组 $\boldsymbol{\eta}$, $\boldsymbol{\eta}+\boldsymbol{\xi}_1$, $\boldsymbol{\eta}+\boldsymbol{\xi}_2$, $\cdots$, $\boldsymbol{\eta}+\boldsymbol{\xi}_{n-r}$线性无关。

复习题三

4. 求齐次线性方程组的一个基础解系。

$$\begin{cases} 2x_1 + x_2 - x_3 + x_4 = 0 \\ 3x_1 - 2x_2 + x_3 - 3x_4 = 0 \\ x_1 + 4x_2 - 3x_3 + 5x_4 = 0 \end{cases}$$

解 对系数矩阵 $\boldsymbol{A}$ 施以初等行变换,将其化为行最简阶梯形矩阵。

$$\boldsymbol{A} = \begin{pmatrix} 2 & 1 & -1 & 1 \\ 3 & -2 & 1 & -3 \\ 1 & 4 & -3 & 5 \end{pmatrix} \xrightarrow{r_1 \leftrightarrow r_3} \begin{pmatrix} 1 & 4 & -3 & 5 \\ 3 & -2 & 1 & -3 \\ 2 & 1 & -1 & 1 \end{pmatrix}$$

$$\xrightarrow[r_3 - 2r_1]{r_2 - 3r_1} \begin{pmatrix} 1 & 4 & -3 & 5 \\ 0 & -14 & 10 & -18 \\ 0 & -7 & 5 & -9 \end{pmatrix} \xrightarrow[-\frac{1}{14}r_2]{r_3 - \frac{1}{2}r_2} \begin{pmatrix} 1 & 4 & -3 & 5 \\ 0 & 1 & -\frac{5}{7} & \frac{9}{7} \\ 0 & 0 & 0 & 0 \end{pmatrix}$$

$$\xrightarrow{r_1 - 4r_2} \begin{pmatrix} 1 & 0 & -\frac{1}{7} & -\frac{1}{7} \\ 0 & 1 & -\frac{5}{7} & \frac{9}{7} \\ 0 & 0 & 0 & 0 \end{pmatrix}$$

解为

$$\begin{cases} x_1 = \frac{1}{7}c_1 + \frac{1}{7}c_2 \\ x_2 = \frac{5}{7}c_1 - \frac{9}{7}c_2 \\ x_3 = c_1 \\ x_4 = c_2 \end{cases} \quad (c_1, c_2 \text{ 取任意实数})$$

得一个基础解系

$$\boldsymbol{\xi}_1 = \left(\frac{1}{7}, \frac{5}{7}, 1, 0\right)^{\mathrm{T}}, \boldsymbol{\xi}_2 = \left(\frac{1}{7}, -\frac{9}{7}, 0, 1\right)^{\mathrm{T}}$$

5. λ 为何值时，线性方程组

$$\begin{cases} x_1+x_2+\lambda x_3=\lambda \\ x_1+\lambda x_2+\lambda^2 x_3=1 \\ \lambda x_1+x_2+2x_3=1 \end{cases}$$

(1) 有唯一解。(2) 无解。(3) 有无穷多解？并在有无穷多解时求出它的通解。

解 对增广矩阵 $\widetilde{\boldsymbol{A}}$ 施以初等行变换，将其化为行阶梯形矩阵。

$$\widetilde{\boldsymbol{A}}=\begin{pmatrix} 1 & 1 & \lambda & \lambda \\ 1 & \lambda & \lambda^2 & 1 \\ \lambda & 1 & 2 & 1 \end{pmatrix} \xrightarrow[r_3-\lambda r_1]{r_2-r_1} \begin{pmatrix} 1 & 1 & \lambda & \lambda \\ 0 & \lambda-1 & \lambda^2-\lambda & 1-\lambda \\ 0 & 1-\lambda & 2-\lambda^2 & 1-\lambda^2 \end{pmatrix}$$

$$\xrightarrow{r_3+r_2} \begin{pmatrix} 1 & 1 & \lambda & \lambda \\ 0 & \lambda-1 & \lambda^2-\lambda & 1-\lambda \\ 0 & 0 & 2-\lambda & 2-\lambda-\lambda^2 \end{pmatrix}$$

$$2-\lambda-\lambda^2=(1-\lambda)(\lambda+2)$$

(1) 当 $\lambda\neq 2$ 且 $\lambda\neq 1$ 时，$R(\boldsymbol{A})=R(\widetilde{\boldsymbol{A}})=3$，线性方程组有唯一解。

(2) 当 $\lambda=2$ 时，$R(\boldsymbol{A})=2$，$R(\widetilde{\boldsymbol{A}})=3$，线性方程组无解。

(3) 当 $\lambda=1$ 时，$R(\boldsymbol{A})=R(\widetilde{\boldsymbol{A}})=2$，线性方程组有无穷多解，且

$$\widetilde{\boldsymbol{A}}=\begin{pmatrix} 1 & 1 & 0 & 1 \\ 0 & 0 & 1 & 0 \\ 0 & 0 & 0 & 0 \end{pmatrix}$$

通解为

$$\begin{pmatrix} x_1 \\ x_2 \\ x_3 \end{pmatrix}=c\begin{pmatrix} -1 \\ 1 \\ 0 \end{pmatrix}+\begin{pmatrix} 1 \\ 0 \\ 0 \end{pmatrix} \quad (c\text{ 取任意实数})$$

7. 求向量组 $\boldsymbol{\alpha}_1=(1,1,3,1)^{\mathrm{T}}$，$\boldsymbol{\alpha}_2=(-1,1,-1,3)^{\mathrm{T}}$，$\boldsymbol{\alpha}_3=(5,3,13,1)^{\mathrm{T}}$，$\boldsymbol{\alpha}_4=(-1,3,1,7)^{\mathrm{T}}$ 的一个极大无关组，并将其余向量用此极大无关组线性表示。

解 由 $\boldsymbol{\alpha}_1, \boldsymbol{\alpha}_2, \boldsymbol{\alpha}_3, \boldsymbol{\alpha}_4$ 构建矩阵 $\boldsymbol{A}=(\boldsymbol{\alpha}_1, \boldsymbol{\alpha}_2, \boldsymbol{\alpha}_3, \boldsymbol{\alpha}_4)$，对矩阵 $\boldsymbol{A}$ 施以初等行变换，将其化为行最简阶梯形矩阵。

$$\boldsymbol{A}=\begin{pmatrix}1 & -1 & 5 & -1\\ 1 & 1 & 3 & 3\\ 3 & -1 & 13 & 1\\ 1 & 3 & 1 & 7\end{pmatrix}\xrightarrow[\substack{r_3-3r_1\\ r_4-r_1}]{r_2-r_1}\begin{pmatrix}1 & -1 & 5 & -1\\ 0 & 2 & -2 & 4\\ 0 & 2 & -2 & 4\\ 0 & 4 & -4 & 8\end{pmatrix}$$

$$\xrightarrow[r_4-2r_2]{r_3-r_2}\begin{pmatrix}1 & -1 & 5 & -1\\ 0 & 2 & -2 & 4\\ 0 & 0 & 0 & 0\\ 0 & 0 & 0 & 0\end{pmatrix}\xrightarrow{\frac{1}{2}r_2}\begin{pmatrix}1 & -1 & 5 & -1\\ 0 & 1 & -1 & 2\\ 0 & 0 & 0 & 0\\ 0 & 0 & 0 & 0\end{pmatrix}$$

$$\xrightarrow{r_1+r_2}\begin{pmatrix}1 & 0 & 4 & 1\\ 0 & 1 & -1 & 2\\ 0 & 0 & 0 & 0\\ 0 & 0 & 0 & 0\end{pmatrix}$$

$R(\boldsymbol{A})=2$，所以向量组 $\boldsymbol{\alpha}_1, \boldsymbol{\alpha}_2, \boldsymbol{\alpha}_3, \boldsymbol{\alpha}_4$ 的秩为 2，$\boldsymbol{\alpha}_1, \boldsymbol{\alpha}_2$ 为一个极大无关组，且 $\boldsymbol{\alpha}_3=4\boldsymbol{\alpha}_1-\boldsymbol{\alpha}_2,\ \boldsymbol{\alpha}_4=\boldsymbol{\alpha}_1+2\boldsymbol{\alpha}_2$。

8. 设 $\boldsymbol{\eta}_1, \boldsymbol{\eta}_2, \boldsymbol{\eta}_3$ 是四元非齐次线性方程组 $\boldsymbol{AX}=\boldsymbol{b}$ 的三个解向量，$R(\boldsymbol{A})=3$，且 $\boldsymbol{\eta}_1=(2, 3, 4, 5)^{\mathrm{T}}$，$\boldsymbol{\eta}_2+\boldsymbol{\eta}_3=(1, 2, 3, 4)^{\mathrm{T}}$，求该方程组的通解。

解 因为 $\boldsymbol{AX}=\boldsymbol{b}$ 是四元非齐次线性方程组，$R(\boldsymbol{A})=3$，所以对应的齐次线性方程组 $\boldsymbol{AX}=\boldsymbol{O}$ 的基础解系仅含一个向量 $\boldsymbol{\xi}$，设 $\boldsymbol{\eta}_1$ 为 $\boldsymbol{AX}=\boldsymbol{b}$ 的一个解，则 $\boldsymbol{AX}=\boldsymbol{b}$ 的通解为

$$\boldsymbol{X}=c\boldsymbol{\xi}+\boldsymbol{\eta}_1$$

因为 $\boldsymbol{A}(2\boldsymbol{\eta}_1-\boldsymbol{\eta}_2-\boldsymbol{\eta}_3)=2\boldsymbol{A\eta}_1-\boldsymbol{A\eta}_2-\boldsymbol{A\eta}_3=\boldsymbol{O}$，所以可取 $2\boldsymbol{\eta}_1-\boldsymbol{\eta}_2-\boldsymbol{\eta}_3$ 为 $\boldsymbol{AX}=\boldsymbol{O}$ 的一个基础解系 $\boldsymbol{\xi}$，即 $\boldsymbol{\xi}=2\boldsymbol{\eta}_1-\boldsymbol{\eta}_2-\boldsymbol{\eta}_3=(3, 4, 5, 6)^{\mathrm{T}}$，得

$\boldsymbol{AX}=\boldsymbol{b}$ 的通解为

$$\boldsymbol{X}=c\boldsymbol{\xi}+\boldsymbol{\eta}_1=c\begin{pmatrix}3\\4\\5\\6\end{pmatrix}+\begin{pmatrix}2\\3\\4\\5\end{pmatrix}\quad(c\text{ 取任意实数})$$

第四节 测试题及其解答

一、测 试 题

(一) A 卷

1. 选择题。

(1) 如果线性方程组 $\boldsymbol{AX}=\boldsymbol{b}$ 中方程个数小于未知量个数,则(　　)。

A. $\boldsymbol{AX}=\boldsymbol{b}$ 有唯一解　　B. $\boldsymbol{AX}=\boldsymbol{O}$ 有唯一解

C. $\boldsymbol{AX}=\boldsymbol{b}$ 有无穷多解　　D. $\boldsymbol{AX}=\boldsymbol{O}$ 有无穷多解

(2) 设 $\boldsymbol{A}$ 为 $m\times n$ 矩阵,$R(\boldsymbol{A})=r(0\leqslant r<n)$,则下述结论中不正确的是(　　)。

A. 齐次线性方程组 $\boldsymbol{AX}=\boldsymbol{O}$ 的任一基础解系中都含有 $n-r$ 个线性无关的解向量

B. 如果 $\boldsymbol{B}$ 为 $n\times s$ 矩阵,且 $\boldsymbol{AB}=\boldsymbol{O}$,则 $R(\boldsymbol{B})\leqslant n-r$

C. $\boldsymbol{\beta}$ 为 m 维列向量,$R(\boldsymbol{A},\boldsymbol{\beta})=r$,则 $\boldsymbol{\beta}$ 可由矩阵 $\boldsymbol{A}$ 的列向量线性表示

D. 非齐次线性方程组 $\boldsymbol{AX}=\boldsymbol{b}$ 必有无穷多解

(3) 设向量组 $\boldsymbol{\alpha}_1, \boldsymbol{\alpha}_2, \cdots, \boldsymbol{\alpha}_m$ 线性无关,则下列结论中不正确的是(　　)。

A. $\boldsymbol{\alpha}_1, \boldsymbol{\alpha}_2, \cdots, \boldsymbol{\alpha}_m$ 都不是零向量

B. $\boldsymbol{\alpha}_1, \boldsymbol{\alpha}_2, \cdots, \boldsymbol{\alpha}_m$ 中至少有一个向量可由其余向量线性表示

C. $\boldsymbol{\alpha}_1, \boldsymbol{\alpha}_2, \cdots, \boldsymbol{\alpha}_m$ 中任意两个向量都不成比例

D. $\boldsymbol{\alpha}_1, \boldsymbol{\alpha}_2, \cdots, \boldsymbol{\alpha}_m$ 中任一部分组线性无关

2. 填空题。

(1) 如果非齐次线性方程组 $\boldsymbol{AX}=\boldsymbol{b}$ 有解,则它有唯一解的充分必要条件是 $\boldsymbol{AX}=\boldsymbol{O}$ ________。

(2) $\boldsymbol{\alpha}=(2, 1, 0)^{\mathrm{T}}$, $\boldsymbol{\beta}=(4, -1, -5)^{\mathrm{T}}$,则 $3\boldsymbol{\alpha}-2\boldsymbol{\beta}=$ ________。

3. 求线性方程组的通解。

(1) $\begin{cases} 2x_1+x_2-x_3+x_4=1 \\ x_1+2x_2+x_3-x_4=2 \\ x_1+x_2+2x_3+x_4=3 \end{cases}$　　(2) $\begin{cases} x_1-x_2+5x_3-x_4=0 \\ x_1+x_2-2x_3+3x_4=0 \\ 3x_1-x_2+8x_3+x_4=0 \\ x_1+3x_2-9x_3+7x_4=0 \end{cases}$

4. 问 λ 为何值时，

$$\begin{cases} x_1 + \lambda x_3 = 0 \\ 4x_1 + x_2 + (\lambda+2)x_3 = 0 \\ 6x_1 + x_2 + (2\lambda+3)x_3 = 0 \end{cases}$$

(1) 有唯一解？(2)有无穷多解？当有无穷多解时，求出其解。

5. 设 $\boldsymbol{A}$ 是 5×4 矩阵，$R(\boldsymbol{A})=3$，$\boldsymbol{\alpha}_1$，$\boldsymbol{\alpha}_2$，$\boldsymbol{\alpha}_3$ 是非齐次线性方程组 $\boldsymbol{AX}=\boldsymbol{b}$ 的三个不同的解，若

$$\boldsymbol{\alpha}_1+\boldsymbol{\alpha}_2+2\boldsymbol{\alpha}_3=(2,\ 0,\ 0,\ 0)^{\mathrm{T}},\ 3\boldsymbol{\alpha}_1+\boldsymbol{\alpha}_2=(2,\ 4,\ 6,\ 5)^{\mathrm{T}}$$

求方程组 $\boldsymbol{AX}=\boldsymbol{b}$ 的通解。

6. 设有向量 $\boldsymbol{\beta}=(1,\ -4\ -4)^{\mathrm{T}}$，$\boldsymbol{\alpha}_1=(1,\ 1,\ 1)^{\mathrm{T}}$，$\boldsymbol{\alpha}_2=(1,\ 2,\ 3)^{\mathrm{T}}$，$\boldsymbol{\alpha}_3=(2,\ -1,\ 1)^{\mathrm{T}}$，试判别 $\boldsymbol{\beta}$ 是否可由 $\boldsymbol{\alpha}_1$，$\boldsymbol{\alpha}_2$，$\boldsymbol{\alpha}_3$ 线性表示。若是，写出线性相关的表达式。

7. 求向量组 $\boldsymbol{\alpha}_1=(1,\ 2,\ -1,\ 1)^{\mathrm{T}}$，$\boldsymbol{\alpha}_2=(2,\ 0,\ t,\ 0)^{\mathrm{T}}$，$\boldsymbol{\alpha}_3=(0,\ -4,\ 5,\ -2)^{\mathrm{T}}$，$\boldsymbol{\alpha}_4=(3,\ -2,\ t+4,\ -1)^{\mathrm{T}}$ 的一个极大无关组，并将其余向量用该极大无关组表示。

8. 设向量组 $\boldsymbol{\alpha}_1$，$\boldsymbol{\alpha}_2$，$\boldsymbol{\alpha}_3$ 线性无关，向量 $\boldsymbol{\beta}_1=\lambda_1\boldsymbol{\alpha}_1+\boldsymbol{\alpha}_2+\lambda_1\boldsymbol{\alpha}_3$，$\boldsymbol{\beta}_2=\boldsymbol{\alpha}_1+\lambda_2\boldsymbol{\alpha}_2+(\lambda_2+1)\boldsymbol{\alpha}_3$，$\boldsymbol{\beta}_3=\boldsymbol{\alpha}_1+\boldsymbol{\alpha}_2+\boldsymbol{\alpha}_3$，试问当 λ_1，λ_2 为何值时，向量组 $\boldsymbol{\beta}_1$，$\boldsymbol{\beta}_2$，$\boldsymbol{\beta}_3$ 线性无关。

(二) B　卷

1. 选择题。

(1) 如果线性方程组 $\boldsymbol{AX}=\boldsymbol{O}$ 中未知量个数为 n，系数矩阵 $\boldsymbol{A}$ 的秩 $R(\boldsymbol{A})=n$，则方程组(　　)。

A. 无解　　B. 只有零解

C. 有非零解　　D. 有无穷多解

(2) 设 $\boldsymbol{A}$ 为 $m\times n$ 矩阵，$\boldsymbol{AX}=\boldsymbol{O}$ 是非齐次线性方程组 $\boldsymbol{AX}=\boldsymbol{b}$ 对应的齐次线性方程组，下列结论中(　　)是正确的。

A. 若 $\boldsymbol{AX}=\boldsymbol{O}$ 仅有零解，则 $\boldsymbol{AX}=\boldsymbol{b}$ 有唯一解

B. 若 $\boldsymbol{AX}=\boldsymbol{O}$ 有非零解，则 $\boldsymbol{AX}=\boldsymbol{b}$ 有无穷多解

C. 若 $\boldsymbol{AX}=\boldsymbol{b}$ 有无穷多解，则 $\boldsymbol{AX}=\boldsymbol{O}$ 有非零解

D. 若 $\boldsymbol{AX}=\boldsymbol{b}$ 有无穷多解，则 $\boldsymbol{AX}=\boldsymbol{O}$ 仅有零解

(3) 向量组 $\boldsymbol{\alpha}_1$，$\boldsymbol{\alpha}_2$，…，$\boldsymbol{\alpha}_m$ 的秩不为零的充分必要条件是(　　)。

A. $\boldsymbol{\alpha}_1$，$\boldsymbol{\alpha}_2$，…，$\boldsymbol{\alpha}_m$ 中至少有一个非零向量

B. $\boldsymbol{\alpha}_1, \boldsymbol{\alpha}_2, \cdots, \boldsymbol{\alpha}_m$ 线性无关

C. $\boldsymbol{\alpha}_1, \boldsymbol{\alpha}_2, \cdots, \boldsymbol{\alpha}_m$ 全是非零向量

D. $\boldsymbol{\alpha}_1, \boldsymbol{\alpha}_2, \cdots, \boldsymbol{\alpha}_m$ 线性相关

2. 填空题。

(1) 设 $\boldsymbol{A}$ 是三阶方阵，$R(\boldsymbol{A})=2$，且 $\boldsymbol{X}_1, \boldsymbol{X}_2$ 为线性方程组 $\boldsymbol{AX}=\boldsymbol{b}$ 的两个不同的解向量，则齐次线性方程组 $\boldsymbol{AX}=\boldsymbol{O}$ 的通解是________。

(2) 如果向量组 T 有两个极大无关组 $\boldsymbol{\alpha}_1, \boldsymbol{\alpha}_2, \cdots, \boldsymbol{\alpha}_s$ 及 $\boldsymbol{\beta}_1, \boldsymbol{\beta}_2, \cdots, \boldsymbol{\beta}_t$，则$s$ ________ t。

3. 求线性方程组的通解。

(1) $\begin{cases} 2x_1+x_2-x_3+x_4=0 \\ x_1+2x_2+x_3-x_4=0 \\ x_1+x_2+2x_3+x_4=0 \end{cases}$ (2) $\begin{cases} x_1+2x_2+x_3-3x_4=2 \\ 2x_1+4x_2+x_3-5x_4=5 \\ x_1+2x_2+3x_3-5x_4=0 \end{cases}$

4. 问 λ 为何值时，线性方程组

$$\begin{cases} x_1+x_2+x_3=3, \\ \lambda x_1+(\lambda-1)x_2-x_3=\lambda, \\ (\lambda+3)x_1+5x_2+2x_3=\lambda+1 \end{cases}$$

(1) 有唯一解。(2)无解。(3)有无穷多解，并求出通解。

5. 设 $\boldsymbol{\alpha}_0, \boldsymbol{\alpha}_1, \boldsymbol{\alpha}_2, \cdots, \boldsymbol{\alpha}_{n-r}$ 为 n 元非齐次线性方程 $\boldsymbol{AX}=\boldsymbol{b}$ 的 $n-r+1$ 个线性无关的解向量，$R(\boldsymbol{A})=r$，证明：$\boldsymbol{\alpha}_1-\boldsymbol{\alpha}_0, \boldsymbol{\alpha}_2-\boldsymbol{\alpha}_0, \cdots, \boldsymbol{\alpha}_{n-r}-\boldsymbol{\alpha}_0$ 是对应的齐次线性方程组 $\boldsymbol{AX}=\boldsymbol{O}$ 的一个基础解系。

6. 试判断向量组 $\boldsymbol{\alpha}_1, \boldsymbol{\alpha}_2, \boldsymbol{\alpha}_3, \boldsymbol{\alpha}_4$ 是否线性相关，其中：

$$\boldsymbol{\alpha}_1=(1, 1, 2, -4)^{\mathrm{T}}, \boldsymbol{\alpha}_2=(1, 2, 3, 4)^{\mathrm{T}}$$
$$\boldsymbol{\alpha}_3=(2, 3, 4, 0)^{\mathrm{T}}, \boldsymbol{\alpha}_4=(3, 4, 1, 2)^{\mathrm{T}}$$

7. 求向量组 $\boldsymbol{\alpha}_1=(1, 0, 2, 4, 1)^{\mathrm{T}}$，$\boldsymbol{\alpha}_2=(0, -1, -1, 1, 1)^{\mathrm{T}}$，$\boldsymbol{\alpha}_3=(2, 3, -2, -3, 0)^{\mathrm{T}}$，$\boldsymbol{\alpha}_4=(5, 5, -3, -1, 2)^{\mathrm{T}}$ 的一个极大无关组，并将其余向量用该极大无关组线性表示。

8. 设向量 $\boldsymbol{\alpha}_1=(1, 4, 0, 2)^{\mathrm{T}}$，$\boldsymbol{\alpha}_2=(2, 7, 1, 3)^{\mathrm{T}}$，$\boldsymbol{\alpha}_3=(0, 1, -1, a)^{\mathrm{T}}$，$\boldsymbol{\beta}=(3, 10, d, 4)^{\mathrm{T}}$。试问：$a$，$d$ 为何值时，(1)$\boldsymbol{\beta}$ 不能用向量组 $\boldsymbol{\alpha}_1, \boldsymbol{\alpha}_2, \boldsymbol{\alpha}_3$ 线性表示。(2)$\boldsymbol{\beta}$ 可由向量组 $\boldsymbol{\alpha}_1, \boldsymbol{\alpha}_2, \boldsymbol{\alpha}_3$ 线性表示，并写出该表达式。

二、测试题解答

(一) A卷解答

1. 选择题。

(1)	(2)	(3)
D	D	B

2. 填空题。

(1) 只有零解。

(2) $3\boldsymbol{\alpha}-2\boldsymbol{\beta}=\begin{pmatrix}6\\3\\0\end{pmatrix}-\begin{pmatrix}8\\-2\\-10\end{pmatrix}=\begin{pmatrix}-2\\5\\10\end{pmatrix}$

3. **解** (1)对增广矩阵施以初等行变换,将其化为行最简阶梯形矩阵:

$$\widetilde{\boldsymbol{A}}=\begin{pmatrix}2&1&-1&1&1\\1&2&1&-1&2\\1&1&2&1&3\end{pmatrix}\xrightarrow{r_1\leftrightarrow r_3}\begin{pmatrix}1&1&2&1&3\\1&2&1&-1&2\\2&1&-1&1&1\end{pmatrix}$$

$$\xrightarrow[r_3-2r_1]{r_2-r_1}\begin{pmatrix}1&1&2&1&3\\0&1&-1&-2&-1\\0&-1&-5&-1&-5\end{pmatrix}\xrightarrow[r_3+r_2]{r_1-r_2}\begin{pmatrix}1&0&3&3&4\\0&1&-1&-2&-1\\0&0&-6&-3&-6\end{pmatrix}$$

$$\xrightarrow{\left(-\frac{1}{6}\right)r_3}\begin{pmatrix}1&0&3&3&4\\0&1&-1&-2&-1\\0&0&1&\frac{1}{2}&1\end{pmatrix}\xrightarrow[r_1-3r_3]{r_2+r_3}\begin{pmatrix}1&0&0&\frac{3}{2}&1\\0&1&0&-\frac{3}{2}&0\\0&0&1&\frac{1}{2}&1\end{pmatrix}$$

$R(\boldsymbol{A})=R(\widetilde{\boldsymbol{A}})=3<4=n$,有解,通解为

$$\boldsymbol{X}=\begin{pmatrix}x_1\\x_2\\x_3\\x_4\end{pmatrix}=c\begin{pmatrix}-\frac{3}{2}\\\frac{3}{2}\\-\frac{1}{2}\\1\end{pmatrix}+\begin{pmatrix}1\\0\\1\\0\end{pmatrix}\quad(c\text{ 取任意实数})$$

(2) 对系数矩阵 **A** 施以初等行变换,将其化为行最简阶梯形矩阵。

$$\boldsymbol{A}\xrightarrow[r_4-r_1]{\substack{r_2-r_1\\r_3-3r_1}}\begin{pmatrix}1&-1&5&-1\\0&2&-7&4\\0&2&-7&4\\0&4&-14&8\end{pmatrix}\xrightarrow[r_4-2r_2]{\substack{r_1+\frac{1}{2}r_2\\r_3-r_2}}\begin{pmatrix}1&0&\frac{3}{2}&1\\0&2&-7&4\\0&0&0&0\\0&0&0&0\end{pmatrix}\xrightarrow{\frac{1}{2}r_2}\begin{pmatrix}1&0&\frac{3}{2}&1\\0&1&-\frac{7}{2}&2\\0&0&0&0\\0&0&0&0\end{pmatrix}$$

$R(\boldsymbol{A})=2$,有解,通解为

$$\boldsymbol{X}=\begin{pmatrix}x_1\\x_2\\x_3\\x_4\end{pmatrix}=c_1\begin{pmatrix}-\frac{3}{2}\\\frac{7}{2}\\1\\0\end{pmatrix}+c_2\begin{pmatrix}-1\\-2\\0\\1\end{pmatrix}\quad(c_1,\ c_2\text{ 取任意实数})$$

4. 对系数矩阵 **A** 施以初等行变换,将其化为行最简阶梯形矩阵。

$$\boldsymbol{A}=\begin{pmatrix}1&0&\lambda\\4&1&\lambda+2\\6&1&2\lambda+3\end{pmatrix}\xrightarrow[r_3-6r_1]{r_2-4r_1}\begin{pmatrix}1&0&\lambda\\0&1&-3\lambda+2\\0&1&-4\lambda+3\end{pmatrix}$$

$$\xrightarrow{r_3-r_2}\begin{pmatrix}1&0&\lambda\\0&1&-3\lambda+2\\0&0&-\lambda+1\end{pmatrix}$$

(1) 当 $\lambda\neq1$ 时,有 $R(\boldsymbol{A})=3$,所以线性方程组有唯一解。

(2) 当 $\lambda=1$ 时,$R(\boldsymbol{A})=2$,所以齐线性方程组有无穷多解,通解为

$$\begin{pmatrix}x_1\\x_2\\x_3\end{pmatrix}=c\begin{pmatrix}-1\\1\\1\end{pmatrix}\quad(c\text{ 取任意实数})$$

5. **解** $\boldsymbol{A}$ 为 5×4 矩阵,$R(\boldsymbol{A})=3$,所以 $\boldsymbol{AX}=\boldsymbol{O}$ 有非零解,其基础解系中所含解向量个数为 1。

因为 $\boldsymbol{\alpha}_1,\boldsymbol{\alpha}_2,\boldsymbol{\alpha}_3$ 是 $\boldsymbol{AX}=\boldsymbol{b}$ 的三个解,得

$$A(\boldsymbol{\alpha}_1+\boldsymbol{\alpha}_2+2\boldsymbol{\alpha}_3)=4\boldsymbol{b},\quad A(3\boldsymbol{\alpha}_1+\boldsymbol{\alpha}_2)=4\boldsymbol{b}$$

于是

$$(\boldsymbol{\alpha}_1+\boldsymbol{\alpha}_2+2\boldsymbol{\alpha}_3)-(3\boldsymbol{\alpha}_1+\boldsymbol{\alpha}_2)=(0,-4,-6,-8)^{\mathrm{T}}$$

是 $\boldsymbol{AX}=\boldsymbol{O}$ 的非零解。

$$\frac{1}{4}(3\boldsymbol{\alpha}_1+\boldsymbol{\alpha}_2)=\left(\frac{1}{2},1,\frac{3}{2},\frac{5}{4}\right)^{\mathrm{T}}$$

是 $\boldsymbol{AX}=\boldsymbol{b}$ 的一个解，由非齐次方程解的结构得其通解为

$$\boldsymbol{X}=\left(\frac{1}{2},1,\frac{3}{2},\frac{5}{4}\right)^{\mathrm{T}}+c(0,-4,-6,-8)^{\mathrm{T}}(c\text{ 取任意实数})$$

6. **解** 设有一组数 k_1,k_2,k_3，使 $\boldsymbol{\beta}=k_1\boldsymbol{\alpha}_1+k_2\boldsymbol{\alpha}_2+k_3\boldsymbol{\alpha}_3$。对线性方程组的增广矩阵 $\widetilde{\boldsymbol{A}}$ 施以初等行变换。

$$\widetilde{\boldsymbol{A}}=\begin{pmatrix}1&1&2&1\\1&2&-1&-4\\1&3&1&-4\end{pmatrix}\longrightarrow\begin{pmatrix}1&0&0&1\\0&1&0&-2\\0&0&1&1\end{pmatrix}$$

得解 $k_1=1,k_2=-2,k_3=1$，所以 $\boldsymbol{\beta}$ 可由 $\boldsymbol{\alpha}_1,\boldsymbol{\alpha}_2,\boldsymbol{\alpha}_3$ 线性表示，且 $\boldsymbol{\beta}=\boldsymbol{\alpha}_1-2\boldsymbol{\alpha}_2+\boldsymbol{\alpha}_3$。

7. **解** 设矩阵 $\boldsymbol{A}=(\boldsymbol{\alpha}_1,\boldsymbol{\alpha}_2,\boldsymbol{\alpha}_3,\boldsymbol{\alpha}_4)$，对矩阵 $\boldsymbol{A}$ 施以初等行变换，将其化为行阶梯形矩阵。

$$\boldsymbol{A}\xrightarrow[\substack{r_3+r_1\\r_4-r_1}]{r_2-2r_1}\begin{pmatrix}1&2&0&3\\0&-4&-4&-8\\0&t+2&5&t+7\\0&-2&-2&-4\end{pmatrix}\xrightarrow{-\frac{1}{4}r_2}\begin{pmatrix}1&2&0&3\\0&1&1&2\\0&t+2&5&t+7\\0&-2&-2&-4\end{pmatrix}$$

$$\xrightarrow[\substack{r_4+2r_2\\r_1-2r_2}]{r_3-(t+2)r_2}\begin{pmatrix}1&0&-2&-1\\0&1&1&2\\0&0&3-t&3-t\\0&0&0&0\end{pmatrix}$$

(1) 当 $t=3$ 时，$R(\boldsymbol{A})=2$，$\boldsymbol{\alpha}_1,\boldsymbol{\alpha}_2$ 是一个极大无关组，且 $\boldsymbol{\alpha}_3=-2\boldsymbol{\alpha}_1+\boldsymbol{\alpha}_2$，$\boldsymbol{\alpha}_4=-\boldsymbol{\alpha}_1+2\boldsymbol{\alpha}_2$。

(2) 当 $t\neq3$ 时，$R(\boldsymbol{A})=3$。

$$\boldsymbol{A} \longrightarrow \begin{pmatrix} 1 & 0 & 0 & 1 \\ 0 & 1 & 0 & 1 \\ 0 & 0 & 1 & 1 \\ 0 & 0 & 0 & 0 \end{pmatrix}$$

$\boldsymbol{\alpha}_1, \boldsymbol{\alpha}_2, \boldsymbol{\alpha}_3$ 是一个极大无关组，且 $\boldsymbol{\alpha}_4 = \boldsymbol{\alpha}_1 + \boldsymbol{\alpha}_2 + \boldsymbol{\alpha}_3$。

8. **解** 设有一组数 k_1, k_2, k_3，使得

$$k_1\boldsymbol{\beta}_1 + k_2\boldsymbol{\beta}_2 + k_3\boldsymbol{\beta}_3 = \boldsymbol{O}$$

即

$$(\lambda_1 k_1 + k_2 + k_3)\boldsymbol{\alpha}_1 + (k_1 + \lambda_2 k_2 + k_3)\boldsymbol{\alpha}_2 + [\lambda_1 k_1 + (\lambda_2 + 1)k_2 + k_3]\boldsymbol{\alpha}_3 = \boldsymbol{O}$$

由于向量组 $\boldsymbol{\alpha}_1, \boldsymbol{\alpha}_2, \boldsymbol{\alpha}_3$ 线性无关，得方程组

$$\begin{cases} \lambda_1 k_1 + k_2 + k_3 = 0 \\ k_1 + \lambda_2 k_2 + k_3 = 0 \\ \lambda_1 k_1 + (\lambda_2 + 1)k_2 + k_3 = 0 \end{cases}$$

当系数行列式

$$D = \begin{vmatrix} \lambda_1 & 1 & 1 \\ 1 & \lambda_2 & 1 \\ \lambda_1 & \lambda_2 + 1 & 1 \end{vmatrix} \xlongequal[r_3 - r_1]{r_2 - r_1} \begin{vmatrix} \lambda_1 & 1 & 1 \\ 1 - \lambda_1 & \lambda_2 - 1 & 0 \\ 0 & \lambda_2 & 0 \end{vmatrix} = \lambda_2(1 - \lambda_1) \neq 0$$

即 $\lambda_1 \neq 1$ 且 $\lambda_2 \neq 0$ 时，方程组只有零解 $k_1 = k_2 = k_3 = 0$，得向量组 $\boldsymbol{\beta}_1, \boldsymbol{\beta}_2, \boldsymbol{\beta}_3$ 线性无关。

(二) B 卷解答

1. 选择题。

(1)	(2)	(3)
B	C	A

2. (1) $c(\boldsymbol{X}_1 - \boldsymbol{X}_2)$（$c$ 取任意实数）

(2) $s = t$

3. **解** (1) 对系数矩阵施以初等行变换，将其化为行最简阶梯形矩阵得：

$$A=\begin{pmatrix}2&1&-1&1\\1&2&1&-1\\1&1&2&1\end{pmatrix}\xrightarrow{r_1\leftrightarrow r_3}\begin{pmatrix}1&1&2&1\\1&2&1&-1\\2&1&-1&1\end{pmatrix}$$

$$\xrightarrow[r_3-2r_1]{r_2-r_1}\begin{pmatrix}1&1&2&1\\0&1&-1&-2\\0&-1&-5&-1\end{pmatrix}\xrightarrow[r_1-r_2]{r_3+r_2}\begin{pmatrix}1&0&3&3\\0&1&-1&-2\\0&0&-6&-3\end{pmatrix}$$

$$\xrightarrow{\left(-\frac{1}{6}r_3\right)}\begin{pmatrix}1&0&3&3\\0&1&-1&-2\\0&0&1&\frac{1}{2}\end{pmatrix}\xrightarrow[r_1-3r_3]{r_2+r_3}\begin{pmatrix}1&0&0&\frac{3}{2}\\0&1&0&-\frac{3}{2}\\0&0&1&\frac{1}{2}\end{pmatrix}$$

所以通解为

$$\begin{pmatrix}x_1\\x_2\\x_3\\x_4\end{pmatrix}=c\begin{pmatrix}-\frac{3}{2}\\\frac{3}{2}\\-\frac{1}{2}\\1\end{pmatrix}\quad(c\text{ 取任意实数})$$

(2) 对增广矩阵 $\widetilde{A}$ 施以初等行变换，将其化为行最简阶梯形矩阵。

$$\widetilde{A}=\begin{pmatrix}1&2&1&-3&2\\2&4&1&-5&5\\1&2&3&-5&0\end{pmatrix}\xrightarrow[r_3-r_1]{r_2-2r_1}\begin{pmatrix}1&2&1&-3&2\\0&0&-1&1&1\\0&0&2&-2&-2\end{pmatrix}$$

$$\xrightarrow[r_3+2r_2]{r_1+r_2}\begin{pmatrix}1&2&0&-2&3\\0&0&-1&1&1\\0&0&0&0&0\end{pmatrix}\xrightarrow{-r_2}\begin{pmatrix}1&2&0&-2&3\\0&0&1&-1&-1\\0&0&0&0&0\end{pmatrix}$$

$R(A)=R(\widetilde{A})=2$，有解，通解为

$$X=\begin{pmatrix}x_1\\x_2\\x_3\\x_4\end{pmatrix}=c_1\begin{pmatrix}-2\\1\\0\\0\end{pmatrix}+c_2\begin{pmatrix}2\\0\\1\\1\end{pmatrix}+\begin{pmatrix}3\\0\\-1\\0\end{pmatrix}$$

4. 对增广矩阵施以初等行变换，将其化为行阶梯形矩阵。

$$\widetilde{\boldsymbol{A}}=\begin{pmatrix}1&1&1&3\\\lambda&\lambda-1&-1&\lambda\\\lambda+3&5&2&\lambda+1\end{pmatrix}\xrightarrow[r_3-(\lambda+3)r_1]{r_2-\lambda r_1}\begin{pmatrix}1&1&1&3\\0&-1&-\lambda-1&-2\lambda\\0&2-\lambda&-\lambda-1&-2\lambda-8\end{pmatrix}$$

$$\xrightarrow{r_3+(2-\lambda)r_2}\begin{pmatrix}1&1&1&3\\0&-1&-\lambda-1&-2\lambda\\0&0&-(\lambda+1)(3-\lambda)&2(\lambda-4)(\lambda+1)\end{pmatrix}$$

当$\lambda\neq-1$，$\lambda\neq3$时，$R(\widetilde{\boldsymbol{A}})=R(\boldsymbol{A})=3$，方程组有唯一解。

当$\lambda=3$时，$R(\widetilde{\boldsymbol{A}})=3$，$R(\boldsymbol{A})=2$，方程组无解。

当$\lambda=-1$时，$R(\widetilde{\boldsymbol{A}})=R(\boldsymbol{A})=2$，方程组有无穷多解，此时

$$\widetilde{\boldsymbol{A}}\longrightarrow\begin{pmatrix}1&0&1&5\\0&1&0&-2\\0&0&0&0\end{pmatrix}$$

通解为

$$\begin{pmatrix}x_1\\x_2\\x_3\end{pmatrix}=c\begin{pmatrix}-1\\0\\1\end{pmatrix}+\begin{pmatrix}5\\-2\\0\end{pmatrix}\quad(c\text{ 取任意实数})$$

5. **解** 因为$\boldsymbol{A\alpha}_0=b$，$\boldsymbol{A\alpha}_i=b$，$i=1, 2, \cdots, n-r$，所以

$$\boldsymbol{A}(\boldsymbol{\alpha}_i-\boldsymbol{\alpha}_0)=\boldsymbol{A\alpha}_i-\boldsymbol{A\alpha}_0=\boldsymbol{b}-\boldsymbol{b}=\boldsymbol{0},\ i=1, 2, \cdots, n-r,$$

即$\boldsymbol{\alpha}_1-\boldsymbol{\alpha}_0$，$\boldsymbol{\alpha}_2-\boldsymbol{\alpha}_0$，$\cdots$，$\boldsymbol{\alpha}_{n-r}-\boldsymbol{\alpha}_0$为$\boldsymbol{AX}=\boldsymbol{O}$的解向量。

设有一组数k_1，k_2，$\cdots$，k_{n-r}，使

$$k_1(\boldsymbol{\alpha}_1-\boldsymbol{\alpha}_0)+k_2(\boldsymbol{\alpha}_2-\boldsymbol{\alpha}_0)+\cdots+k_{n-r}(\boldsymbol{\alpha}_{n-r}-\boldsymbol{\alpha}_0)=\boldsymbol{O}$$

即

$$k_1\boldsymbol{\alpha}_1+k_2\boldsymbol{\alpha}_2+\cdots+k_{n-r}\boldsymbol{\alpha}_{n-r}-(k_1+k_2+\cdots+k_{n-r})\boldsymbol{\alpha}_0=\boldsymbol{O}$$

因为向量组$\boldsymbol{\alpha}_1$，$\boldsymbol{\alpha}_2$，$\cdots$，$\boldsymbol{\alpha}_{n-r}$，$\boldsymbol{\alpha}_0$线性无关，得$k_1=k_2=\cdots=k_{n-r}=0$，即向量组$\boldsymbol{\alpha}_1-\boldsymbol{\alpha}_0$，$\boldsymbol{\alpha}_2-\boldsymbol{\alpha}_0$，$\cdots$，$\boldsymbol{\alpha}_{n-r}-\boldsymbol{\alpha}_0$线性无关。

$\boldsymbol{AX}=\boldsymbol{O}$的未知量个数为$n$，$R(\boldsymbol{A})=r$，所以$\boldsymbol{AX}=\boldsymbol{O}$的基础解系所含解向量的个数为$n-r$。从而向量$\boldsymbol{\alpha}_1-\boldsymbol{\alpha}_0$，$\boldsymbol{\alpha}_2-\boldsymbol{\alpha}_0$，$\cdots$，$\boldsymbol{\alpha}_{n-r}-\boldsymbol{\alpha}_0$是方程组$\boldsymbol{AX}=\boldsymbol{O}$的一个基础解系。

6. 由 $\boldsymbol{\alpha}_1,\boldsymbol{\alpha}_2,\boldsymbol{\alpha}_3,\boldsymbol{\alpha}_4$ 构建矩阵 $\boldsymbol{A}$,对矩阵 $\boldsymbol{A}$ 施以初等行变换,将其化为行阶梯形矩阵:

$$\boldsymbol{A}=\begin{pmatrix}1&1&2&3\\1&2&3&4\\2&3&4&1\\-4&4&0&2\end{pmatrix}\xrightarrow[r_4+4r_1]{\substack{r_2-r_1\\r_3-2r_1}}\begin{pmatrix}1&1&2&3\\0&1&1&1\\0&1&0&-5\\0&8&8&14\end{pmatrix}\xrightarrow[r_4-8r_2]{r_3-r_2}\begin{pmatrix}1&1&2&3\\0&1&1&1\\0&0&-1&-6\\0&0&0&6\end{pmatrix}$$

$R(\boldsymbol{A})=4$,所以向量组线性无关。

7. 由向量组构建矩阵 $\boldsymbol{A}$,对矩阵 $\boldsymbol{A}$ 施以初等行变换,将其化为行最简阶梯形矩阵。

$$\boldsymbol{A}=\begin{pmatrix}1&0&2&5\\0&-1&3&5\\2&-1&-2&-3\\4&1&-3&-1\\1&1&0&2\end{pmatrix}\xrightarrow[r_5-r_1]{\substack{r_3-2r_1\\r_4-4r_1}}\begin{pmatrix}1&0&2&5\\0&-1&3&5\\0&-1&-6&-13\\0&1&-11&-21\\0&1&-2&-3\end{pmatrix}\xrightarrow[r_5+r_2]{\substack{r_3-r_2\\r_4+r_2}}\begin{pmatrix}1&0&2&5\\0&-1&3&5\\0&0&-9&-18\\0&0&-8&-16\\0&0&1&2\end{pmatrix}$$

$$\xrightarrow[r_4+8r_5]{r_3+9r_5}\begin{pmatrix}1&0&2&5\\0&-1&3&5\\0&0&0&0\\0&0&0&0\\0&0&1&2\end{pmatrix}\xrightarrow{r_3\leftrightarrow r_5}\begin{pmatrix}1&0&2&5\\0&-1&3&5\\0&0&1&2\\0&0&0&0\\0&0&0&0\end{pmatrix}\xrightarrow[r_2+3r_3]{\substack{-r_2\\r_1-2r_3}}\begin{pmatrix}1&0&0&1\\0&1&0&1\\0&0&1&2\\0&0&0&0\\0&0&0&0\end{pmatrix}$$

$R(\boldsymbol{A})=3$,所以向量组的秩为 3,$\boldsymbol{\alpha}_1,\boldsymbol{\alpha}_2,\boldsymbol{\alpha}_3$ 是一个极大无关组,则

$$\boldsymbol{\alpha}_4=\boldsymbol{\alpha}_1+\boldsymbol{\alpha}_2+2\boldsymbol{\alpha}_3。$$

8. **解** 设有一组数 k_1,k_2,k_3,使

$$\boldsymbol{\beta}=k_1\boldsymbol{\alpha}_1+k_2\boldsymbol{\alpha}_2+k_3\boldsymbol{\alpha}_3$$

得线性方程组

$$\begin{cases}k_1+2k_2=3\\4k_1+7k_2+k_3=10\\k_2-k_3=d\\2k_1+3k_2+ak_3=4\end{cases}$$

对线性方程组的增广矩阵 $\widetilde{\mathbf{A}}$ 施以初等行变换，将其化为行阶梯形矩阵。

$$\widetilde{\mathbf{A}} \xrightarrow[r_4-2r_1]{r_2-4r_1} \begin{pmatrix} 1 & 2 & 0 & 3 \\ 0 & -1 & 1 & -2 \\ 0 & 1 & -1 & d \\ 0 & -1 & a & -2 \end{pmatrix} \xrightarrow[r_4-r_2]{r_3+r_2} \begin{pmatrix} 1 & 2 & 0 & 3 \\ 0 & -1 & 1 & -2 \\ 0 & 0 & 0 & d-2 \\ 0 & 0 & a-1 & 0 \end{pmatrix}$$

$$\xrightarrow{r_3 \leftrightarrow r_4} \begin{pmatrix} 1 & 2 & 0 & 3 \\ 0 & -1 & 1 & -2 \\ 0 & 0 & a-1 & 0 \\ 0 & 0 & 0 & d-2 \end{pmatrix}$$

(1) 当 $d\neq 2$ 时，若 $a=1$，则 $R(\mathbf{A})=2$，$R(\widetilde{\mathbf{A}})=3$；若 $a\neq 1$，则 $R(\mathbf{A})=3$，$R(\widetilde{\mathbf{A}})=4$。总之，此时线性方程组无解，从而向量 $\boldsymbol{\beta}$ 不能由向量组 $\boldsymbol{\alpha}_1$，$\boldsymbol{\alpha}_2$，$\boldsymbol{\alpha}_3$ 线性表示。

(2) 当 $d=2$，$a\neq 1$ 时，$\widetilde{\mathbf{A}}$ 化为

$$\widetilde{\mathbf{A}} \longrightarrow \begin{pmatrix} 1 & 0 & 0 & -1 \\ 0 & 1 & 0 & 2 \\ 0 & 0 & 1 & 0 \\ 0 & 0 & 0 & 0 \end{pmatrix}$$

$R(\mathbf{A})=R(\widetilde{\mathbf{A}})=3$，线性方程组有唯一解，$k_1=-1$，$k_2=2$，$k_3=0$，向量 $\boldsymbol{\beta}$ 可由向量组 $\boldsymbol{\alpha}_1$，$\boldsymbol{\alpha}_2$，$\boldsymbol{\alpha}_3$ 唯一地线性表示，表达式为 $\boldsymbol{\beta}=-\boldsymbol{\alpha}_1+2\boldsymbol{\alpha}_2$。

当 $d=2$，$a=1$ 时，$\widetilde{\mathbf{A}}$ 化为

$$\widetilde{\mathbf{A}} \longrightarrow \begin{pmatrix} 1 & 0 & 2 & -1 \\ 0 & 1 & -1 & 2 \\ 0 & 0 & 0 & 0 \\ 0 & 0 & 0 & 0 \end{pmatrix}$$

解为

$$k_1=-2c-1,\ k_2=c+2,\ k_3=c\text{（}c\text{ 取任意实数）}$$

所以向量 $\boldsymbol{\beta}$ 可由向量组 $\boldsymbol{\alpha}_1$，$\boldsymbol{\alpha}_2$，$\boldsymbol{\alpha}_3$ 线性表示，表达式不唯一，表达式为

$$\boldsymbol{\beta}=-(2c+1)\boldsymbol{\alpha}_1+(c+2)\boldsymbol{\alpha}_2+c\boldsymbol{\alpha}_3\text{（}c\text{ 取任意实数）}$$

第四章 线性规划

第一节 内容提要

1. 线性规划问题的数学模型

线性规划问题的数学模型为

$$\max(\text{或}\min) f = c_1x_1 + c_2x_2 + \cdots + c_nx_n$$

$$\text{s. t.}\begin{cases} a_{11}x_1 + a_{12}x_2 + \cdots + a_{1n}x_n \leqslant (\text{或} = \text{或} \geqslant) b_1 \\ a_{21}x_1 + a_{22}x_2 + \cdots + a_{2n}x_n \leqslant (\text{或} = \text{或} \geqslant) b_2 \\ \cdots \quad \cdots \quad \cdots \quad \cdots \quad \cdots \\ a_{m1}x_1 + a_{m2}x_2 + \cdots + a_{mn}x_n \leqslant (\text{或} = \text{或} \geqslant) b_m \\ x_j \geqslant 0\ (j = 1, 2, \cdots, n) \end{cases}$$

其中 $b_i \geqslant 0\ (i=1, 2, \cdots, m)$。

满足约束条件的一组变量的值称为线性规划问题的可行解,使目标函数 f 取得最大值(或最小值)的可行解称为最优解,此时目标函数 f 的值称为最优值。

2. 两个变量的线性规划问题求解

可用**图解法**求解,图解法的步骤是:

(1) 建立平面直角坐标系。

(2) 将约束条件中的两个变量的线性等式或线性不等式,在坐标平面内用一条直线或一个半平面表示。确定满足约束条件的解的范围,即线性规划问题的可行域。

(3) 绘制出目标函数的图形,确定最优解是否存在。若存在,求最优解。

第二节 例题分析

1. (资金分配问题)某商店拥有 100 万元资金,准备经营 A, B, C 三种商品,其中 A 商品有 A_1, A_2 两种型号,B 商品也有 B_1, B_2 两种型号。每种商品的利润率如

表 4-1 所示。

表 4-1　　　　每种商品的利润率

商品	A		B		C
	A_1	A_2	B_1	B_2	
利润率	7.3%	10.3%	6.4%	7.5%	4.5%

在经营中有以下限制：

(1) 经营 A 或 B 的资金各自都不能超过总资金的 50%。

(2) 经营 C 的资金不能少于经营 B 的资金的 25%。

(3) 经营 A_2 的资金不能超过经营 A 的总资金的 60%。

试问应怎样安排资金的使用才能使利润最大？试建立求解的线性规划模型。

解　为了达到利润最大的目标，设经营 A_1，A_2，B_1，B_2，C 的资金分别为 x_1，x_2，x_3，x_4，x_5(万元)。于是获得利润 L 为

$$L = 0.073x_1 + 0.103x_2 + 0.064x_3 + 0.075x_4 + 0.045x_5$$

这是问题的目标函数。

这 5 个变量受到经营的限制，由限制条件(1)，得

$$x_1 + x_2 \leqslant 50$$
$$x_3 + x_4 \leqslant 50$$

由限制条件(2)，得

$$x_5 \geqslant 0.25(x_3 + x_4)$$

即
$$0.25x_3 + 0.25x_4 - x_5 \leqslant 0$$

由限制条件(3)，得

$$x_2 \leqslant 0.6(x_1 + x_2)$$

即
$$0.6x_1 - 0.4x_2 \geqslant 0$$

其次的限制为：

$$x_1 + x_2 + \cdots + x_5 = 100$$
$$x_j \geqslant 0,\ j = 1, 2, \cdots, 5$$

因此，该商店的资金分配问题的线性规划模型是

$$\max L = 0.073x_1 + 0.103x_2 + 0.064x_3 + 0.075x_4 + 0.045x_5$$

$$\text{s.t}\begin{cases} x_1 + x_2 + \cdots + x_5 = 100, \\ x_1 + x_2 \leqslant 50, \\ x_3 + x_4 \leqslant 50, \\ 0.25x_3 + 0.25x_4 - x_5 \leqslant 0, \\ 0.6x_1 - 0.4x_2 \geqslant 0 \\ x_j \geqslant 0,\ j = 1, 2, \cdots, 5 \end{cases}$$

【例 2】 用图解法解线性规划问题。

$$\max f = 3x_1 + 6x_2$$

$$\begin{cases} x_1 - x_2 \geqslant -2 \\ x_1 + 2x_2 \leqslant 6 \\ x_j \geqslant 0\ (j = 1, 2) \end{cases}$$

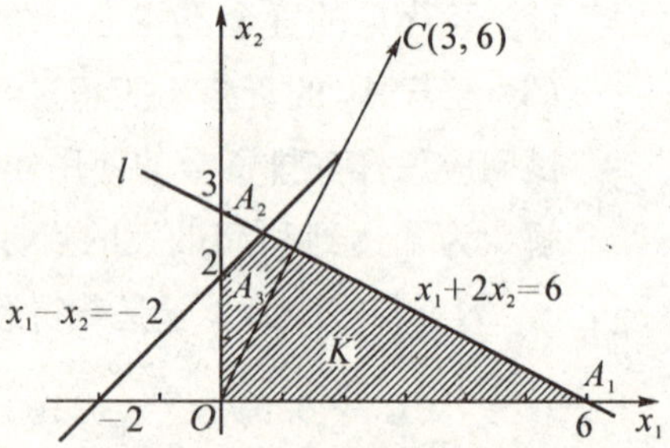

图 4-1 可行域 K

解 如图 4-1 所示，作出可行域 K，作出向量$\overrightarrow{OC}$。

直线族 $f=3x_1+6x_2$ 沿目标函数值增大方向移动，最后一条与 K 相交的直线 l 过 A_1，A_2 两点，所以线段 A_1A_2 上的所有点的坐标均为该问题的最优解。最优值$f=18$。

第三节 习题选解

习 题 4-1

3. 某企业的资金用于 A，B，C 三个工程项目的投资，所得的净效益分别为 18%，15%，10%。资金分配上满足：用于项目 A 的投资不大于对其他各项投资之和；用于项目 B 的投资不小于对项目 C 的投资。现要确定使该企业获得最大效益的投资方案。试建立数学模型。

分析 设企业投资 A，B，C 三个项目的总投资值为 P，x_1，x_2，x_3 分别表示用于 A，B，C 的投资百分比，则投资 A，B，C 的资金分别为 Px_1，Px_2，Px_3。因此三个项目净效益之和为目标函数，即为

$$0.18Px_1+0.15Px_2+0.1Px_3=(0.18x_1+0.15x_2+0.1x_3)P$$

由于 P 为常数,可取目标函数 $f=0.18x_1+0.15x_2+0.1x_3$。

“用于项目 A 的投资不大于对其他各项投资之和”这可表示为 $Px_1\leqslant Px_2+Px_3$,即

$$x_1\leqslant x_2+x_3$$

“用于项目 B 的投资不大于对项目 C 的投资”这可表示为 $Px_2\geqslant Px_3$,即

$$x_2\geqslant x_3$$

又 $Px_1+Px_2+Px_3=P$,即

$$x_1+x_2+x_3=1$$

于是可得线性规划模型。

解 设 x_1, x_2, x_3 分别表示用于项目 A, B, C 的投资百分比,可得线性规划模型为

$$\max f=0.18x_1+0.15x_2+0.1x_3$$

$$\begin{cases} x_1-x_2-x_3\leqslant 0 \\ x_1-\quad\quad x_3\geqslant 0 \\ x_1+x_2+x_3=1 \\ x_j\geqslant 0\ (j=1,\ 2,\ 3) \end{cases}$$

习 题 4-2

用图解法求解下列线性规划问题。

2. $\min f=3x_1+2x_2$

$$\begin{cases} x_1+2x_2\geqslant 4 \\ x_1+6x_2\geqslant 6 \\ x_1\geqslant 0,\ x_2\geqslant 0 \end{cases}$$

2. **解** 作出可行域 K,如图 4-2 所示。直线族 $x_2=-\dfrac{3}{2}x_1+\dfrac{1}{2}f$ 沿 $\overrightarrow{OC}$ 相反方向平移,与可行域最后一个交点是 A 点,所以最优解为 $x_1=0$, $x_2=2$;最优解为 4。

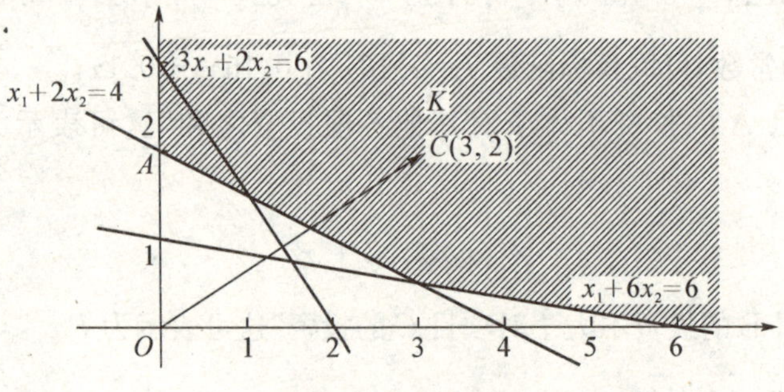

图 4-2　可行域 K

第四节　测试题及其解答

一、测　试　题

1. 某医院每天需要护士人数如表 4-2 所示。

表 4-2　　　　**各时段需要护士人数**

时　间	最少人数(名)
6:00～10:00	80
10:00～14:00	70
14:00～18:00	60
18:00～22:00	50
22:00～2:00	20
2:00～6:00	30

护士在各时段的开始时刻上班，连续工作 8 小时，问每天至少需要多少名护士？写出数学模型。

2. 用图解法解线性规划问题。

$$\max f=\frac{1}{2}x_1+x_2$$

$$\begin{cases} x_1 + x_2 \leqslant 3 \\ x_1 + 3x_2 \leqslant 6 \\ x_1 \geqslant 0,\ x_2 \geqslant 0 \end{cases}$$

二、测试题解答

1. **解** 设在六个时段开始时刻上班的护士人数分别为 x_1，x_2，x_3，x_4，x_5，x_6，每天需要护士 f 名，则该问题的数学模型为

$$\min f = x_1 + x_2 + x_3 + x_4 + x_5 + x_6$$

$$\begin{cases} x_1 + x_2 \geqslant 70 \\ x_2 + x_3 \geqslant 60 \\ x_3 + x_4 \geqslant 50 \\ x_4 + x_5 \geqslant 20 \\ x_5 + x_6 \geqslant 30 \\ x_1 + x_6 \geqslant 80 \\ x_j \geqslant 0\ (j = 1, 2, \cdots, 6) \end{cases}$$

2. **解** 作直线 $x_1+x_2=3$，$x_1+3x_2=6$，得可行域 K，如图 4-3 所示。并作向量$\overrightarrow{OC}$，C 点坐标为$\left(\frac{1}{2},\ 1\right)$。直线族 $x_2=-\frac{1}{2}x_1+f$ 沿$\overrightarrow{OC}$向上平移与可行域 K 最后一个交点为 $A\left(\frac{3}{2},\ \frac{3}{2}\right)$，所以最优解为 $x_1=\frac{3}{2}$，$x_2=\frac{3}{2}$，最优值为$\frac{9}{4}$。

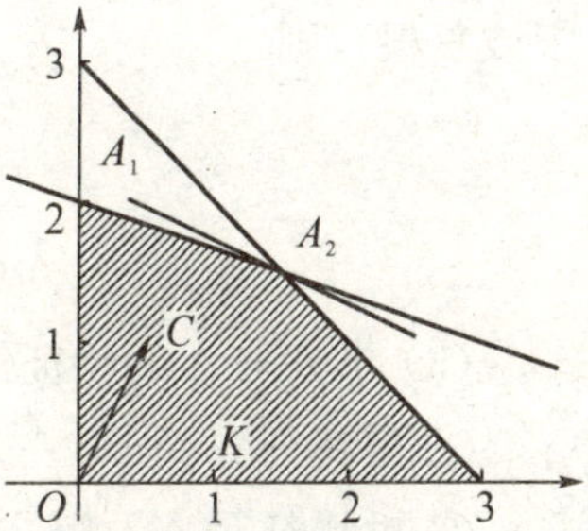

图 4-3 可行域 K

第五章 特征值、特征向量及二次型

第一节 内容提要

1. 特征值、特征向量

(1) 设 $\boldsymbol{A}$ 是 n 阶方阵，如果存在一个数 λ 和一个 n 维非零列向量 $\boldsymbol{X}$，使得 $\boldsymbol{AX}=\lambda\boldsymbol{X}$，则称 λ 是方阵 $\boldsymbol{A}$ 的特征值，非零列向量 $\boldsymbol{X}$ 称为方阵 $\boldsymbol{A}$ 对应于特征值 λ 的特征向量，称 $|\boldsymbol{A}-\lambda\boldsymbol{E}|$ 为 $\boldsymbol{A}$ 的特征多项式，$|\boldsymbol{A}-\lambda\boldsymbol{E}|=0$ 称为特征方程。

(2) 特征值与特征向量的基本性质。

① 方阵 $\boldsymbol{A}$ 与它的转置矩阵 $\boldsymbol{A}^{\mathrm{T}}$，有相同的特征值。

② 设 $\lambda_1, \lambda_2, \cdots, \lambda_n$ 是 n 阶方阵 $\boldsymbol{A}$ 的 n 个互不相同的特征值，$\boldsymbol{p}_i$ 是 $\boldsymbol{A}$ 对应于 λ_i 的特征向量，$i=1, 2, \cdots, n$，则向量组 $\boldsymbol{p}_1, \boldsymbol{p}_2, \cdots, \boldsymbol{p}_n$ 线性无关。

③ 设 n 阶方阵 $\boldsymbol{A}=(a_{ij})n\times n$，$\boldsymbol{A}$ 的全部特征值为 $\lambda_1, \lambda_2, \cdots, \lambda_n$（其中可能有重根或复根），则

$$\lambda_1+\lambda_2+\cdots+\lambda_n=a_{11}+a_{22}+\cdots+a_{nn}$$
$$\lambda_1\lambda_2\cdots\lambda_n=|\boldsymbol{A}|$$

(3) 求方阵 $\boldsymbol{A}$ 的特征值、特征向量的步骤。

① 解特征方程 $|\boldsymbol{A}-\lambda\boldsymbol{E}|=0$，求出所有的特征值。

② 对特征值 λ_0，解齐次线性方程组 $(\boldsymbol{A}-\lambda_a\boldsymbol{E})\boldsymbol{X}=\boldsymbol{O}$，得一个基础解系 $\boldsymbol{\xi}_1, \boldsymbol{\xi}_2, \cdots, \boldsymbol{\xi}_t$，则 $\boldsymbol{A}$ 对应于 λ_0 的所有特征向量是

$$c_1\boldsymbol{\xi}_1+c_2\boldsymbol{\xi}_2+\cdots+c_t\boldsymbol{\xi}_t$$

其中 $c_1, c_2, \cdots, c_t$ 取不全为零的任意实数。

2. 相似矩阵

(1) 设 $\boldsymbol{A}, \boldsymbol{B}$ 是 n 阶方阵，如果存在可逆的 n 阶方阵 P，使

$$P^{-1}AP=\boldsymbol{B}$$

则称 $\boldsymbol{A}$ 与 $\boldsymbol{B}$ 相似，记为 $\boldsymbol{A} \sim \boldsymbol{B}$。称 P 为把 $\boldsymbol{A}$ 变成 $\boldsymbol{B}$ 的相似变换矩阵。

如果 $\boldsymbol{A} \sim \boldsymbol{B}$，则 $\boldsymbol{A}$ 与 $\boldsymbol{B}$ 有相同的特征值。

(2) 方阵 $\boldsymbol{A}$ 对角化。

如果方阵 $\boldsymbol{A}$ 与对角阵相似，则称方阵 $\boldsymbol{A}$ 能对角化。方阵 $\boldsymbol{A}$ 对角化有如下结论：

① 设 $\boldsymbol{A}$ 是 n 阶方阵，$\lambda_1, \lambda_2, \cdots, \lambda_n$ 为 $\boldsymbol{A}$ 的特征值，$\boldsymbol{p}_i$ 是 $\boldsymbol{A}$ 对应于 λ_i 的特征向量，$i=1, 2, \cdots, n$，则 $\boldsymbol{A}$ 的对角化的充分必要条件是向量组 $\boldsymbol{p}_1, \boldsymbol{p}_2, \cdots, \boldsymbol{p}_n$ 线性无关。

② 如果 n 阶方阵 $\boldsymbol{A}$ 有 n 个不同的特征值，则方阵 $\boldsymbol{A}$ 可对角化。

③ n 阶方阵 $\boldsymbol{A}$ 可对角化的充分必要条件是对应于 $\boldsymbol{A}$ 的每个特征值的线性无关的特征向量的个数恰好等于该特征值的重数，即，设 n 阶方阵 $\boldsymbol{A}$ 的所有不同特征值为 $\lambda_1, \lambda_2, \cdots, \lambda_r$，$\lambda_i$ 的重数为 n_i，$n_1+n_2+\cdots+n_r=n$，$i=1, 2, \cdots, r$。则 $\boldsymbol{A}$ 可对角化的充分必要条件是 $R(\boldsymbol{A}-\lambda_i\boldsymbol{E})=n-n_i$，$i=1, 2, \cdots, r$。

(3) 矩阵对角化的步骤。

若矩阵可对角化，则可按下列步骤来实现：

① 求出 $\boldsymbol{A}$ 的全部特征值 $\lambda_1, \lambda_2, \cdots, \lambda_r$。

② 对每一个特征值 λ_i，设其重数为 n_i，则对应齐次方程组

$$(\boldsymbol{A}-\lambda_i\boldsymbol{E})\boldsymbol{X}=\boldsymbol{0}$$

的基础解系由 n_i 个向量 $\boldsymbol{p}_{i1}, \boldsymbol{p}_{i2}, \cdots, \boldsymbol{p}_{in_i}$ 构成，即 $\boldsymbol{p}_{i1}, \boldsymbol{p}_{i2}, \cdots, \boldsymbol{p}_{in_i}$ 为 λ_i 对应的线性无关的特征向量。

③ 上面求出的特征向量

$$\boldsymbol{p}_{11}, \boldsymbol{p}_{12}, \cdots, \boldsymbol{p}_{1n_1}, \boldsymbol{p}_{21}, \boldsymbol{p}_{22}, \cdots, \boldsymbol{p}_{2n_2}, \cdots, \boldsymbol{p}_{r1}, \boldsymbol{p}_{r2}, \cdots, \boldsymbol{p}_{rn_r}$$

恰好为矩阵 $\boldsymbol{A}$ 的 n 个线性无关的特征向量。

④ 令 $P=(\boldsymbol{p}_{11}, \boldsymbol{p}_{12}, \cdots, \boldsymbol{p}_{1n_1}, \boldsymbol{p}_{21}, \boldsymbol{p}_{22}, \cdots, \boldsymbol{p}_{2n_2}, \cdots, \boldsymbol{p}_{r1}, \boldsymbol{p}_{r2}, \cdots, \boldsymbol{p}_{rn_r})$

从而

$$P^{-1}\boldsymbol{A}P=\begin{pmatrix} \lambda_1 & & & & & \\ & \ddots & & & & \\ & & \lambda_1 & & & \\ & & & \ddots & & \\ & & & & \lambda_r & \\ & & & & & \ddots & \\ & & & & & & \lambda_r \end{pmatrix} \begin{matrix} \left.\vphantom{\begin{matrix}1\\1\\1\end{matrix}}\right\} n_1 \text{个} \lambda_1 \\ \\ \left.\vphantom{\begin{matrix}1\\1\\1\end{matrix}}\right\} n_r \text{个} \lambda_r \end{matrix}$$

3. 内积

设 n 维向量 $\boldsymbol{\alpha}=(a_1, a_2, \cdots, a_n)^{\mathrm{T}}$，$\boldsymbol{\beta}=(b_1, b_2, \cdots, b_n)^{\mathrm{T}}$，实数 $\sum\limits_{i=1}^{n} a_i b_i$ 称为向量 $\boldsymbol{\alpha}$ 与 $\boldsymbol{\beta}$ 的内积，记为 $(\boldsymbol{\alpha}, \boldsymbol{\beta})$，即

$$(\boldsymbol{\alpha}, \boldsymbol{\beta})=\sum_{i=1}^{n} a_i b_i$$

内积运算具有如下性质：

$(\boldsymbol{\alpha}, \boldsymbol{\beta})=(\boldsymbol{\beta}, \boldsymbol{\alpha})$。

$((\boldsymbol{\alpha}+\boldsymbol{\beta}), \gamma)=(\boldsymbol{\alpha}, \gamma)+(\boldsymbol{\beta}+\gamma)$。

$k(\boldsymbol{\alpha}, \boldsymbol{\beta})=(k\boldsymbol{\alpha}, \boldsymbol{\beta})=(\boldsymbol{\alpha}, k\boldsymbol{\beta})$，($k$ 为任意实数)。

$(\boldsymbol{\alpha}, \boldsymbol{\alpha}) \geqslant 0$，且 $(\boldsymbol{\alpha}, \boldsymbol{\alpha})=0$ 的充要条件是 $\boldsymbol{\alpha}=0$。

如果 $(\boldsymbol{\alpha}, \boldsymbol{\beta})=0$，则称 $\boldsymbol{\alpha}$ 与 $\boldsymbol{\beta}$ 正交。

称 $\sqrt{(\boldsymbol{\alpha}, \boldsymbol{\alpha})}$ 为向量 $\boldsymbol{\alpha}$ 的长度或模，记为 $\|\boldsymbol{\alpha}\|$，模为 1 的向量称为单位向量。

两两正交的单位向量组称为标准正交向量组。

任意一组向量 $\boldsymbol{\alpha}_1, \boldsymbol{\alpha}_2, \cdots, \boldsymbol{\alpha}_r$，如果它们两两正交，则向量组 $\boldsymbol{\alpha}_1, \boldsymbol{\alpha}_2, \cdots, \boldsymbol{\alpha}_r$ 线性无关。

4. 施密特正交化法

设向量组 $\boldsymbol{\alpha}_1, \boldsymbol{\alpha}_2, \cdots, \boldsymbol{\alpha}_r$ 线性无关，取

$$\boldsymbol{\beta}_1=\boldsymbol{\alpha}_1$$

$$\boldsymbol{\beta}_2=\boldsymbol{\alpha}_2-\frac{(\boldsymbol{\alpha}_2, \boldsymbol{\beta}_1)}{(\boldsymbol{\beta}_1, \boldsymbol{\beta}_1)}\boldsymbol{\beta}_1$$

……

$$\boldsymbol{\beta}_r=\boldsymbol{\alpha}_r-\frac{(\boldsymbol{\alpha}_r, \boldsymbol{\beta}_1)}{(\boldsymbol{\beta}_1, \boldsymbol{\beta}_1)}\boldsymbol{\beta}_1-\frac{(\boldsymbol{\alpha}_r, \boldsymbol{\beta}_2)}{(\boldsymbol{\beta}_2, \boldsymbol{\beta}_2)}\boldsymbol{\beta}_2-\cdots-\frac{(\boldsymbol{\alpha}_r, \boldsymbol{\beta}_{r-1})}{(\boldsymbol{\beta}_{r-1}, \boldsymbol{\beta}_{r-1})}\boldsymbol{\beta}_{r-1}$$

则 $\boldsymbol{\beta}_1, \boldsymbol{\beta}_2, \cdots, \boldsymbol{\beta}_r$ 为正交向量组，再取

$$\boldsymbol{\varepsilon}_i=\frac{\boldsymbol{\beta}_i}{|\boldsymbol{\beta}_i|} \quad (i=1, 2, \cdots, r)$$

则 $\boldsymbol{\varepsilon}_1, \boldsymbol{\varepsilon}_2, \cdots, \boldsymbol{\varepsilon}_r$ 为标准正交向量组。

5. 正交矩阵

如果方阵 $\boldsymbol{A}$ 满足 $\boldsymbol{A}^{\mathrm{T}}\boldsymbol{A}=\boldsymbol{E}$，即 $\boldsymbol{A}^{\mathrm{T}}=\boldsymbol{A}^{-1}$，则称 $\boldsymbol{A}$ 为正交矩阵。

方阵 A 是正交矩阵的充要条件是方阵 A 的行(列) 向量组是标准正交向量组。

如果线性变换 $Y = AX$ 的系数矩阵 A 是正交矩阵,线性变换 $Y = AX$ 称为正交线性变换。

6. 实对称矩阵 A 对角化步骤

(1) 解特征方程 $|A - \lambda E| = 0$,求出 A 的特征值。

(2) 对每一个特征值 λ_0,解齐次线性方程组 $(A - \lambda_0 E)X = 0$,求出其一个基础解系,正交化,单位化。

(3) 由正交化、单位化的特征向量构建 A 的正交相似变换矩阵 P,从而 $P^{-1}AP$ 为一个对角矩阵。

7. 二次型及二次型标准形

含有 n 个变量 $x_1, x_2, \cdots, x_n$ 的二次齐次多项式 $f(x_1, x_2, \cdots, x_n)$ 称为 n 次二次型,简称二次型。记作 $f(x_1, x_2, \cdots, x_n) = \sum_{i,j=1}^{n} a_{ij}x_i x_j$,二次型的矩阵表示式为 $f = X^{\mathrm{T}}AX$。

若二次型 $f = \sum_{i=1}^{n} \lambda_i x_i^2$,则称 f 为标准形。

对于实二次型 $f = X^{\mathrm{T}}AX$,总存在一个可逆的线性变换 $X = CY$,将二次型 f 化为标准形。

将二次型化为标准形的方法:

(1) 用配方法将二次型化为标准形,由此求得 $X = CY$。

(2) 用正交变换法将二次型化为标准形,即首先写出二次型 f 的矩阵 A,使用上述第 6 点(实对称矩阵 A 对角化步骤) 求出 A 的正交相似变换矩阵 P,则 $X = PY$ 即为所求。

8. 正定二次型、负定二次型

如果对任意非零向量 X,都有 $f = X^{\mathrm{T}}AX > O$(或 < 0) 则称 f 是正定(负定) 二次型,也称实对称矩阵 A 是正定(负定) 矩阵。

判别 n 次二次型 $f = X^{\mathrm{T}}AX$ 为正(负) 定的方法:

(1) f 的标准形的 n 个系数全为正(负)。

(2) 二次型 f 的矩阵 A 的特征值均大于(小于)零。

(3) 二次型 f 的矩阵 A 的所有顺序主子式大于零(奇数阶顺序主子式为负,偶数阶顺序主子式为正)。

第二节　例题分析

【例 1】 求矩阵 $A=\begin{pmatrix}2&3&2\\1&8&2\\-2&-14&-3\end{pmatrix}$ 的特征值和特征向量。

分析　按求特征值、特征向量的步骤解题。

解　特征方程 $|A-\lambda E|=\begin{vmatrix}2-\lambda&3&2\\1&8-\lambda&2\\-2&-14&-3-\lambda\end{vmatrix}=(\lambda-1)(\lambda-3)^2=0$

解得 A 的特征值为 $\lambda_1=1$，$\lambda_2=\lambda_3=3$。

当 $\lambda_1=1$ 时，解齐次线性方程组 $(A-E)X=0$，因

$$A-E=\begin{pmatrix}1&3&2\\1&7&2\\-2&-14&-4\end{pmatrix}\longrightarrow\begin{pmatrix}1&0&2\\0&1&0\\0&0&0\end{pmatrix}$$

得方程组的一个基础解系为 $p_z=(-2,0,1)^T$，故 A 的对应于 $\lambda_1=1$ 的全部特征向量为 c_1p_1，其中 c_1 取非零的任意实数。

当 $\lambda_2=\lambda_3=3$ 时，解齐次线性方程组 $(A-3E)X=0$，因

$$A-3E=\begin{pmatrix}-1&3&2\\1&5&2\\-2&-14&-6\end{pmatrix}\longrightarrow\begin{pmatrix}1&0&-\frac{1}{2}\\0&1&\frac{1}{2}\\0&0&0\end{pmatrix}$$

得方程组的一个基础解系为 $p_1=(1,-1,2)$，故 A 的对应于 $\lambda_2=\lambda_3=3$ 的全部特征向量为 c_2p_2，其中 c_2 取非零任意实数。

【例 2】 设 λ 是方阵 A 的特征值，求证：λ^2 是方阵 A^2 的特征值。

分析　问题为证明 $A^2Y=\lambda^2Y$（Y 为非零列向量）。为此，由 $AX=\lambda X$，两边左乘方阵 A，产生 A^2X。

证明　设 X 是 A 对应于特征值 λ 的特征向量，则 $AX=\lambda X$，该式两边左乘方阵 A，得 $A(AX)=A(\lambda X)$，而

$$A(AX)=A^2X,\ A(\lambda X)=\lambda AX=\lambda^2X$$

得 $$A^2X=\lambda^2X$$

故 λ^2 是 A^2 的特征值。

【例 3】 设 λ_0 是可逆方阵 A 的特征值，求证 $\dfrac{1}{\lambda_0}$ 是 A^{-1} 的特征值。

分析 问题为证明 $A^{-1}Y=\dfrac{1}{\lambda_0}A^{-1}$。我们从仅有的已知条件 $AX=\lambda_0X$ 出发，两边左乘方阵 A^{-1}，由 $A^{-1}(\lambda X)$ 产生 $A^{-1}X$。

证明 设 X 是 A 对应于特征值 λ_0 的特征向量，则

$$AX=\lambda_0X$$

因为 A 可逆，所以 A^{-1} 存在，等式两边左乘方阵 A^{-1}，得

$$A^{-1}(AX)=A^{-1}(\lambda_0X)\text{，即 }X=\lambda_0(A^{-1}X)$$

因为 $\lambda_0\neq 0$，否则，$AX=\lambda_0X=O$，从而 $X=A^{-1}O=O$，与 $X\neq O$ 矛盾，于是得 $A^{-1}X=\dfrac{1}{\lambda_0}X$。

所以 $\dfrac{1}{\lambda_0}$ 是 A^{-1} 的特征值。

【例 4】 设 λ_0 是方阵 A 的特征值，X 为 A 对应于 λ_0 的特征向量，且 $A\sim B$，试求 B 对应于 λ_0 的特征向量。

分析 因为 $A\sim B$，所以 λ_0 也是 B 的特征值。设 Y 是 B 对应于特征值 λ_0 的特征向量，于是 $BY=\lambda_0Y$。又由 $A\sim B$，所以 $B=P^{-1}AP$，从而 $(P^{-1}AP)Y=\lambda_0Y$，因此 $(AP)Y=P(\lambda_0Y)$，即 $A(PY)=\lambda_0(PY)$。

因为 X 为 A 对应于特征值 λ_0 的特征向量，所以可取 $X=PY$，得 $Y=P^{-1}X$，于是我们可从 $AX=\lambda_0X$ 出发，由 $B=P^{-1}AP$，即 $A=PBP^{-1}$，类似分析过程而求解之。

解 因为 $A\sim B$，所以存在可逆矩阵 P，使 $P^{-1}AP=B$，从而 $A=PBP^{-1}$。

由于 $AX=\lambda_0X$，得

$$(PBP^{-1})X=\lambda_0X$$

上式左乘 P^{-1}，得

$$(BP^{-1})X=P^{-1}(\lambda_0X)$$

即 $$B(P^{-1}X)=\lambda_0(P^{-1}X)$$

故 $P^{-1}\boldsymbol{X}$ 是 $\boldsymbol{B}$ 对应于 λ_0 的特征向量。

【例 5】 下列矩阵是否相似于对角阵？如果相似，试求出这个对角阵和相似变换矩阵 P。

(1) $\boldsymbol{A}=\begin{pmatrix}-1&4&-2\\-3&4&0\\-3&1&3\end{pmatrix}$　　(2) $\boldsymbol{A}=\begin{pmatrix}2&3&2\\1&8&2\\-2&-14&-3\end{pmatrix}$

分析 关于方阵 $\boldsymbol{A}$ 能否对角化问题，一般应用如下结论：

(1) 如果 n 阶方阵 $\boldsymbol{A}$ 有 n 个特征值 $\lambda_1, \lambda_2, \cdots, \lambda_n$，$\boldsymbol{p}_i$ 是 $\boldsymbol{A}$ 对应于特征值 λ_i 的特征向量，$i=1, 2, \cdots, n$，则 $\boldsymbol{A}$ 可对角化的充分必要条件是 $\boldsymbol{p}_1, \boldsymbol{p}_2, \cdots, \boldsymbol{p}_n$ 线性无关。

特别地，当 $\lambda_1, \lambda_2, \cdots, \lambda_n$ 互不相同时，方阵 $\boldsymbol{A}$ 必可对角化。

(2) 设 λ_0 为 n 阶方阵 $\boldsymbol{A}$ 的任一特征值，其重数为 s，方阵 $\boldsymbol{A}$ 可对角化的充分必要条件是 $R(\boldsymbol{A}-\lambda_0\boldsymbol{E})=n-s$。

解 (1) 解特征方程 $|\boldsymbol{A}-\lambda\boldsymbol{E}|=\begin{vmatrix}-1-\lambda&4&-2\\-3&4-\lambda&0\\-3&1&3-\lambda\end{vmatrix}$

$$=(\lambda-1)(\lambda-2)(\lambda-3)=0$$

得 $\boldsymbol{A}$ 的特征值为 $\lambda_1=1, \lambda_2=2, \lambda_3=3$。

三阶方阵 $\boldsymbol{A}$ 有 3 个不同的特征值，所以 $\boldsymbol{A}$ 可以对角化，且

$$\boldsymbol{A}\sim\begin{pmatrix}1&0&0\\0&2&0\\0&0&3\end{pmatrix}。$$

当 $\lambda_1=1$ 时，解齐次线性方程组 $(\boldsymbol{A}-\boldsymbol{E})\boldsymbol{X}=\boldsymbol{O}$，因为

$$\boldsymbol{A}-\boldsymbol{E}=\begin{pmatrix}-2&4&-2\\-3&3&0\\-3&1&2\end{pmatrix}\longrightarrow\begin{pmatrix}1&0&-1\\0&1&-1\\0&0&0\end{pmatrix}$$

得方程组的一个基础解系 $\boldsymbol{p}_1=(1, 1, 1)^{\mathrm{T}}$，$\boldsymbol{p}_1$ 是 $\boldsymbol{A}$ 对应于 $\lambda_1=1$ 的特征向量。

类似地，得 $\boldsymbol{p}_2=(2, 3, 3)^{\mathrm{T}}$，$\boldsymbol{p}_3=(1, 3, 4)^{\mathrm{T}}$ 分别是 $\boldsymbol{A}$ 的对应于 $\lambda_2=2$ 及 $\lambda_3=3$ 的特征向量。

故相似变换矩阵为

$$P=\begin{pmatrix}1&2&1\\1&3&3\\1&3&4\end{pmatrix}$$

且
$$P^{-1}AP=\begin{pmatrix}1&0&0\\0&2&0\\0&0&3\end{pmatrix}$$

(2) 由[例 1]知，对于特征值$\lambda_2=\lambda_3=3$二重根，由于$R(\boldsymbol{A}-3\boldsymbol{E})=2\neq 3-2$，所以方阵$\boldsymbol{A}$不能对角化。

【例 6】 设$\boldsymbol{A}=\begin{pmatrix}a&\frac{1}{\sqrt{2}}&0\\\frac{1}{\sqrt{2}}&b&0\\0&0&1\end{pmatrix}$为正交矩阵，求$a$，$b$值。

分析 $\boldsymbol{A}$为正交矩阵的充分必要条件是$\boldsymbol{A}$的行(列)向量组是标准正交向量组，由此可求a，b。

解 设
$$\boldsymbol{\alpha}_1=\begin{pmatrix}a\\\frac{1}{\sqrt{2}}\\0\end{pmatrix},\quad \boldsymbol{\alpha}_2=\begin{pmatrix}\frac{1}{\sqrt{2}}\\b\\0\end{pmatrix},\quad \boldsymbol{\alpha}_3=\begin{pmatrix}0\\0\\1\end{pmatrix}$$

$$(\boldsymbol{\alpha}_1,\boldsymbol{\alpha}_2)=\frac{1}{\sqrt{2}}(a+b),\ (\boldsymbol{\alpha}_1,\boldsymbol{\alpha}_3)=(\boldsymbol{\alpha}_2,\boldsymbol{\alpha}_3)=0$$

$$\|\boldsymbol{\alpha}_1\|=\sqrt{a^2+\frac{1}{2}},\ \|\boldsymbol{\alpha}_2\|=\sqrt{b^2+\frac{1}{2}},\ \|\boldsymbol{\alpha}_3\|=1$$

因$\boldsymbol{A}$是正交矩阵，故$\boldsymbol{\alpha}_1$，$\boldsymbol{\alpha}_2$，$\boldsymbol{\alpha}_3$是标准正交向量组。得方程组

$$\begin{cases}\frac{1}{\sqrt{2}}(a+b)=0\\\sqrt{a^2+\frac{1}{2}}=1\\\sqrt{b^2+\frac{1}{2}}=1\end{cases}$$

从而得$a=\pm\frac{1}{\sqrt{2}}$，$b=\mp\frac{1}{\sqrt{2}}$。

【例 7】 若方阵 $\boldsymbol{A}$ 为正交矩阵，试问 $\boldsymbol{A}^n$ 是否为正交矩阵（n 为正整数）。

分析 要证 $\boldsymbol{A}^n$ 是正交矩阵，只要证明 $(\boldsymbol{A}^n)^{-1}=(\boldsymbol{A}^n)^{\mathrm{T}}$。

证明 因为 $\boldsymbol{A}$ 是正交矩阵，所以

$$\boldsymbol{A}^{-1}=\boldsymbol{A}^{\mathrm{T}}$$

又

$$(\boldsymbol{A}^n)^{-1}=(\underbrace{\boldsymbol{A}\cdot\boldsymbol{A}\cdot\cdots\cdot\boldsymbol{A}}_{n个})^{-1}=\boldsymbol{A}^{-1}\cdot\boldsymbol{A}^{-1}\cdot\cdots\cdot\boldsymbol{A}^{-1}$$

$$=\underbrace{\boldsymbol{A}^{\mathrm{T}}\cdot\boldsymbol{A}^{\mathrm{T}}\cdot\cdots\cdot\boldsymbol{A}^{\mathrm{T}}}_{n个}=(\boldsymbol{A}^n)^{\mathrm{T}}$$

得 $\boldsymbol{A}^n$ 是正交矩阵。

【例 8】 设三阶方阵 $\boldsymbol{A}$ 的特征值为 $\lambda_1=1$，$\lambda_2=0$，$\lambda_3=-1$，对应的特征向量分别为

$$\boldsymbol{p}_1=\begin{pmatrix}1\\2\\2\end{pmatrix},\ \boldsymbol{p}_2=\begin{pmatrix}2\\-2\\1\end{pmatrix},\ \boldsymbol{p}_3=\begin{pmatrix}-2\\-1\\2\end{pmatrix}$$

求方阵 $\boldsymbol{A}$。

分析 由于 $\boldsymbol{A}$ 的特征值互不相同，所以 $\boldsymbol{A}$ 可对角化，即存在可逆矩阵 P，使

$$P^{-1}\boldsymbol{A}P=\begin{pmatrix}1&&\\&0&\\&&-1\end{pmatrix}$$

其中，P 是以 $\boldsymbol{p}_1$，$\boldsymbol{p}_2$，$\boldsymbol{p}_3$ 为矩阵的列向量构成。因此可得

$$\boldsymbol{A}=P\begin{pmatrix}1&&\\&0&\\&&-1\end{pmatrix}P^{-1}$$

解 以 $\boldsymbol{p}_1$，$\boldsymbol{p}_2$，$\boldsymbol{p}_3$ 为列向量构建矩阵 P：

$$P=\begin{pmatrix}1&2&-2\\2&-2&-1\\2&1&2\end{pmatrix},\quad P^{-1}=\begin{pmatrix}\frac{1}{9}&\frac{2}{9}&\frac{2}{9}\\\frac{2}{9}&-\frac{2}{9}&\frac{1}{9}\\-\frac{2}{9}&-\frac{1}{9}&\frac{2}{9}\end{pmatrix}$$

因为 $\boldsymbol{A}$ 有三个不相同的特征值，所以 $\boldsymbol{A}$ 可对角化，且 $P^{-1}\boldsymbol{A}P=\begin{pmatrix}1&&\\&0&\\&&-1\end{pmatrix}$。

从而
$$\boldsymbol{A}=P\begin{pmatrix}1&&\\&0&\\&&-1\end{pmatrix}P^{-1}=\begin{pmatrix}-\frac{1}{3}&0&\frac{2}{3}\\0&\frac{1}{3}&\frac{2}{3}\\\frac{2}{3}&\frac{2}{3}&0\end{pmatrix}$$

【例 9】 设 $\boldsymbol{A}=\begin{pmatrix}1&0\\1&2\end{pmatrix}$，利用矩阵相似于对角阵，求 $\boldsymbol{A}^{10}$。

解 解特征方程 $|\boldsymbol{A}-\lambda\boldsymbol{E}|=\begin{vmatrix}1-\lambda&0\\1&2-\lambda\end{vmatrix}=(1-\lambda)(2-\lambda)=0$

得 $\boldsymbol{A}$ 的特征值为 $\lambda_1=1,\ \lambda_2=2$，所以方阵 $\boldsymbol{A}$ 可对角化。

当 $\lambda_1=1$ 时，解齐次线性方程组 $(\boldsymbol{A}-\boldsymbol{E})\boldsymbol{X}=\boldsymbol{O}$，得一基础解系 $\boldsymbol{p}_1=(-1,\ 1)^{\mathrm{T}}$。

当 $\lambda_2=2$ 时，解齐次线性方程组 $(\boldsymbol{A}-2\boldsymbol{E})\boldsymbol{X}=\boldsymbol{O}$，得一基础解系 $\boldsymbol{p}_2=(0,\ 1)^{\mathrm{T}}$。

令
$$P=\begin{pmatrix}-1&0\\1&1\end{pmatrix}$$

则
$$P^{-1}\boldsymbol{A}P=\begin{pmatrix}1&0\\0&2\end{pmatrix}\quad 或\quad \boldsymbol{A}=P\begin{pmatrix}1&0\\0&2\end{pmatrix}P^{-1}$$

从而
$$\boldsymbol{A}^{10}=\left(P\begin{pmatrix}1&0\\0&2\end{pmatrix}P^{-1}\right)^{10}=P\begin{pmatrix}1&0\\0&2\end{pmatrix}^{10}P^{-1}=P\begin{pmatrix}1&0\\0&2^{10}\end{pmatrix}P^{-1}$$

又
$$P^{-1}=\begin{pmatrix}-1&0\\1&1\end{pmatrix}$$

得

$$\boldsymbol{A}^{10}=\begin{pmatrix}-1&0\\1&1\end{pmatrix}\begin{pmatrix}1&0\\0&2^{10}\end{pmatrix}\begin{pmatrix}-1&0\\1&1\end{pmatrix}=\begin{pmatrix}-1&0\\1&2^{10}\end{pmatrix}\begin{pmatrix}-1&0\\1&1\end{pmatrix}$$
$$=\begin{pmatrix}1&0\\2^{10}-1&2^{10}\end{pmatrix}=\begin{pmatrix}1&0\\1\,023&1\,024\end{pmatrix}$$

【例 10】 问 x，y 取何值时，方阵

$$A=\begin{pmatrix}1&2&0&0\\2&x&0&0\\0&0&2&-1\\0&0&-1&y\end{pmatrix}$$是正定矩阵？

解 由 A 为正定的充分必要条件是 A 的顺序主子式都大于零，即

$$|1|=1>0,\ \begin{vmatrix}1&2\\2&x\end{vmatrix}=x-4>0,\ \begin{vmatrix}1&2&0\\2&x&0\\0&0&2\end{vmatrix}=2(x-4)>0$$

$$|A|=(x-4)(2y-1)>0$$

从而当 $x>4$ 且 $y>\frac{1}{2}$ 时，A 是正定矩阵。

【例 11】 用正交变换法和配方法化二次型 $f=x_1^2+4x_1x_2+2x_2^2+4x_2x_3+3x_3^2$ 为标准形，并求所用的变换矩阵。

解 (1) 正交变换法。

二次型 f 的矩阵是 $$A=\begin{pmatrix}1&2&0\\2&2&2\\0&2&3\end{pmatrix}$$

解特征方程：

$$|A-\lambda E|=\begin{vmatrix}1-\lambda&2&0\\2&2-\lambda&2\\0&2&3-\lambda\end{vmatrix}=-(\lambda+1)(\lambda-2)(\lambda-5)=0$$

得 A 的特征值 $\lambda_1=-1$，$\lambda_2=2$，$\lambda_3=5$。

$$p_1=\begin{pmatrix}2\\-2\\1\end{pmatrix},\ p_2=\begin{pmatrix}2\\1\\-2\end{pmatrix},\ p_3=\begin{pmatrix}1\\2\\2\end{pmatrix}$$

为 A 的对应于 λ_1，λ_2，λ_3 的特征向量。p_1，p_2，p_3 两两正交，将 p_1，p_2，p_3 单位化，得

$$\boldsymbol{\varepsilon}_1=\begin{pmatrix}\frac{2}{3}\\-\frac{2}{3}\\\frac{1}{3}\end{pmatrix},\boldsymbol{\varepsilon}_2=\begin{pmatrix}\frac{2}{3}\\\frac{1}{3}\\-\frac{2}{3}\end{pmatrix},\boldsymbol{\varepsilon}_3=\begin{pmatrix}\frac{1}{3}\\\frac{2}{3}\\\frac{2}{3}\end{pmatrix}$$

于是得正交变换矩阵

$$P=\begin{pmatrix}\frac{2}{3}&\frac{2}{3}&\frac{1}{3}\\-\frac{2}{3}&\frac{1}{3}&\frac{2}{3}\\\frac{1}{3}&-\frac{2}{3}&\frac{2}{3}\end{pmatrix},\quad 使\quad P^{-1}\boldsymbol{A}P=\begin{pmatrix}-1&&\\&2&\\&&5\end{pmatrix}$$

令 $\boldsymbol{X}=P\boldsymbol{X}$,则 $f=-y_1^2+2y_2^2+5y_3^2$。

(2) 配方法。

$$\begin{aligned}f&=(x_1+2x_2)^2-2x_2^2+4x_2x_3+3x_3^2\\&=(x_1+2x_2)^2-2(x_2-x_3)^2+5x_3^2\end{aligned}$$

令 $\begin{cases}y_1=x_1+2x_2\\y_2=x_2-x_3\\y_3=x_3\end{cases}$

它的逆变换为

$$\begin{cases}x_1=y_1-2y_2-2y_3\\x_2=y_2+y_3\\x_3=y_3\end{cases}$$

通过上述线性变换,则

$$f=y_1^2-2y_2^2+5y_3^2$$

线性变换的矩阵为

$$\boldsymbol{C}=\begin{pmatrix}1&-2&-2\\0&1&1\\0&0&1\end{pmatrix},\ |\boldsymbol{C}|=1\neq0$$

第三节 习题选解

习 题 5-1

1. 求下列方阵的特征值和特征向量。

(2) $\begin{pmatrix} 3 & 0 & 4 \\ 0 & 6 & 0 \\ 4 & 0 & 3 \end{pmatrix}$　　　(3) $\begin{pmatrix} 6 & 2 & 4 \\ 2 & 3 & 2 \\ 4 & 2 & 6 \end{pmatrix}$

解 (2) 解特征方程

$$|\boldsymbol{A}-\lambda\boldsymbol{E}|=\begin{vmatrix} 3-\lambda & 0 & 4 \\ 0 & 6-\lambda & 0 \\ 4 & 0 & 3-\lambda \end{vmatrix}=(6-\lambda)(\lambda+1)(\lambda-7)=0$$

得特征值为 $\lambda_1=-1$，$\lambda_2=6$，$\lambda_3=7$。

当 $\lambda_1=-1$ 时，解齐次线性方程组 $(\boldsymbol{A}+\boldsymbol{E})\boldsymbol{X}=\boldsymbol{O}$，

$$\boldsymbol{A}+\boldsymbol{E}=\begin{pmatrix} 4 & 0 & 4 \\ 0 & 7 & 0 \\ 4 & 0 & 4 \end{pmatrix}\to\begin{pmatrix} 1 & 0 & 1 \\ 0 & 1 & 0 \\ 0 & 0 & 0 \end{pmatrix}$$

可得它的一个基础解系 $\boldsymbol{p}_1=(-1,0,1)^{\mathrm{T}}$，所以矩阵 $\boldsymbol{A}$ 对应于 $\lambda_1=-1$ 的全部特征值为 $c_1\boldsymbol{p}_1$，c_1 为非零任意常数。

当 $\lambda_2=6$ 时，解齐次线性方程组 $(\boldsymbol{A}-6\boldsymbol{E})\boldsymbol{X}=\boldsymbol{O}$，由

$$\boldsymbol{A}-6\boldsymbol{E}=\begin{pmatrix} -3 & 0 & 4 \\ 0 & 0 & 0 \\ 4 & 0 & -3 \end{pmatrix}\to\begin{pmatrix} 1 & 0 & 0 \\ 0 & 0 & 1 \\ 0 & 0 & 0 \end{pmatrix}$$

可得它的一个基础解系 $\boldsymbol{p}_2=(0,1,0)^{\mathrm{T}}$，所以矩阵 $\boldsymbol{A}$ 对应于 $\lambda_2=6$ 的全部特征值为 $c_2\boldsymbol{p}_2$，c_2 为非零任意常数。

当 $\lambda_3=7$ 时，解齐次线性方程组 $(\boldsymbol{A}-7\boldsymbol{E})\boldsymbol{X}=\boldsymbol{O}$，由

$$A-7E=\begin{pmatrix}-4&0&4\\0&-1&0\\4&0&-4\end{pmatrix}\to\begin{pmatrix}1&0&-1\\0&1&0\\0&0&0\end{pmatrix}$$

可得它的一个基础解系 $\boldsymbol{p}_3=(1,0,1)^{\mathrm{T}}$，所以矩阵 $\boldsymbol{A}$ 对应于 $\lambda_3=7$ 的全部特征值为 $c_3\boldsymbol{p}$，c_3 为非零任意常数。

(3) 解特征方程

$$|A-\lambda E|=\begin{vmatrix}6-\lambda&2&4\\2&3-\lambda&2\\4&2&6-\lambda\end{vmatrix}\overset{c_3-c_1}{=\!=}\begin{vmatrix}6-\lambda&2&\lambda-2\\2&3-\lambda&0\\4&2&2-\lambda\end{vmatrix}$$

$$\overset{r_1+r_3}{=\!=}\begin{vmatrix}10-\lambda&4&0\\2&3-\lambda&0\\4&2&2-\lambda\end{vmatrix}=-(\lambda-2)^2(\lambda-11)=0$$

特征值为 $\lambda_1=\lambda_2=2$，$\lambda_3=11$。

当 $\lambda_1=\lambda_2=2$ 时，解齐次线性方程组 $(\boldsymbol{A}-2\boldsymbol{E})\boldsymbol{X}=\boldsymbol{O}$，由

$$A-2E=\begin{pmatrix}4&2&4\\2&1&2\\4&2&4\end{pmatrix}\to\begin{pmatrix}1&\frac{1}{2}&1\\0&0&0\\0&0&0\end{pmatrix}$$

可得一个基础解系 $p_1=\left(-\frac{1}{2},1,0\right)^{\mathrm{T}}$，$p_2=(-1,0,1)^{\mathrm{T}}$。所以方阵 A 对应于 $\lambda_1=\lambda_2=1$ 的全部特征向量为 $c_1\boldsymbol{p}_1+c_2\boldsymbol{p}_2$，$c_1$，$c_2$ 又不全为零的任意常数。

当 $\lambda_3=11$ 时，解齐次线性方程组 $(\boldsymbol{A}-11\boldsymbol{E})\boldsymbol{X}=\boldsymbol{O}$，由

$$A-11E=\begin{pmatrix}-5&2&4\\2&-8&2\\4&2&-5\end{pmatrix}\to\begin{pmatrix}1&0&-1\\0&1&-\frac{1}{2}\\0&0&0\end{pmatrix}$$

可得一个基础解系 $\boldsymbol{p}_3=(2,1,2)^{\mathrm{T}}$，所以矩阵 $\boldsymbol{A}$ 对应于 $\lambda_3=11$ 的全部特征向量为 $c_3\boldsymbol{p}_1$，c_3 为非零任意常数。

3. 已知 0 是方阵 $A=\begin{pmatrix}1&0&1\\0&2&0\\1&0&a\end{pmatrix}$ 的特征值，求 $\boldsymbol{A}$ 的特征值和特征向量。

解 特征方程为

$$|\boldsymbol{A}-\lambda\boldsymbol{E}|=\begin{vmatrix}1-\lambda & 0 & 1\\ 0 & 2-\lambda & 0\\ 1 & 0 & a-\lambda\end{vmatrix}=(2-\lambda)\left[\lambda^2-(a+1)\lambda+a-1\right]=0$$

因为$\lambda=0$是特征值,得$a=1$,从而$\boldsymbol{A}$的特征值为$\lambda_1=\lambda_2=2$,$\lambda_3=0$。

当$\lambda_1=\lambda_2=2$时,解齐次线性方程组$(\boldsymbol{A}-2\boldsymbol{E})\boldsymbol{X}=\boldsymbol{O}$,由

$$\boldsymbol{A}-2\boldsymbol{E}=\begin{pmatrix}-1 & 0 & 1\\ 0 & 0 & 0\\ 1 & 0 & -1\end{pmatrix}\to\begin{pmatrix}1 & 0 & -1\\ 0 & 0 & 0\\ 0 & 0 & 0\end{pmatrix}$$

得一个基础解系$\boldsymbol{p}_1=(1,0,1)^{\mathrm{T}}$,$\boldsymbol{p}_2=(0,1,0)^{\mathrm{T}}$,从而$\boldsymbol{A}$对应于$\lambda_1=\lambda_2=2$的特征向量为$c_1\boldsymbol{p}_1+c_2\boldsymbol{p}_2$,$c_1$,$c_2$取不全为零的任意实数。

当$\lambda_3=0$时,解齐次线性方程组$\boldsymbol{AX}=\boldsymbol{O}$,由

$$\begin{pmatrix}1 & 0 & 1\\ 0 & 2 & 0\\ 1 & 0 & 1\end{pmatrix}\to\begin{pmatrix}1 & 0 & 1\\ 0 & 1 & 0\\ 0 & 0 & 0\end{pmatrix}$$

得一个基础解系$\boldsymbol{p}_3=(-1,0,1)^{\mathrm{T}}$,从而$\boldsymbol{A}$对应于$\lambda_3=0$的特征向量为$c_3\boldsymbol{p}_3$,$c_3$取非零任意实数。

5. 如果方阵$\boldsymbol{A}$满足$\boldsymbol{A}^2=\boldsymbol{A}$,证明方阵$\boldsymbol{A}$的特征值只能是0或1。

证明 设λ为方阵$\boldsymbol{A}$的特征值,$\boldsymbol{X}$为$\boldsymbol{A}$对应于λ的特征向量,于是$\boldsymbol{AX}=\lambda\boldsymbol{X}$,两边左乘方阵$\boldsymbol{A}$,得

$$\boldsymbol{A}^2\boldsymbol{X}=\boldsymbol{A}(\lambda\boldsymbol{X})$$

由于 $$\boldsymbol{A}^2=\boldsymbol{A},\ \boldsymbol{A}^2\boldsymbol{X}=\boldsymbol{AX}=\lambda\boldsymbol{X},\ \boldsymbol{A}(\lambda\boldsymbol{X})=\lambda\boldsymbol{AX}=\lambda^2\boldsymbol{X}$$

所以 $$\lambda\boldsymbol{X}=\lambda^2\boldsymbol{X}$$

即 $$(\lambda^2-\lambda)\boldsymbol{X}=\boldsymbol{O}$$

因为$\boldsymbol{X}\neq0$,所以$\lambda^2-\lambda=0$,得$\lambda=0$或$\lambda=1$。

习 题 5-2

2. 下列矩阵是否可以对角化?如果可以对角化,求出可逆矩阵P,使得$P^{-1}\boldsymbol{A}P$为

对角阵。

(2) $\begin{pmatrix} 1 & 1 & -1 \\ 0 & 1 & 1 \\ 0 & 0 & 3 \end{pmatrix}$　　(4) $\begin{pmatrix} 3 & 2 & -1 \\ -2 & -2 & 2 \\ 3 & 6 & -1 \end{pmatrix}$

解　(2) $|\boldsymbol{A}-\lambda\boldsymbol{E}|=\begin{vmatrix} 1-\lambda & 1 & -1 \\ 0 & 1-\lambda & 1 \\ 0 & 0 & 3-\lambda \end{vmatrix}=0$,得

特征值 $\lambda_1=\lambda_2=1,\ \lambda_3=3$

对于 $\lambda_1=\lambda_2=1,\ \boldsymbol{A}-\boldsymbol{E}=\begin{pmatrix} 0 & 1 & -1 \\ 0 & 0 & 1 \\ 0 & 0 & 2 \end{pmatrix}\to\begin{pmatrix} 0 & 1 & -1 \\ 0 & 0 & 1 \\ 0 & 0 & 0 \end{pmatrix}$

得 $R(\boldsymbol{A}-\boldsymbol{E})=2\neq 3-2$,所以矩阵 $\boldsymbol{A}$ 不能对角化。

(4) 解特征方程

$$|\boldsymbol{A}-\lambda\boldsymbol{E}|=\begin{vmatrix} 3-\lambda & 2 & -1 \\ -2 & -2-\lambda & 2 \\ 3 & 6 & -1-\lambda \end{vmatrix}\overset{c_1+c_3}{=\!=}\begin{vmatrix} 2-\lambda & 2 & -1 \\ 0 & -2-\lambda & 2 \\ 2-\lambda & 6 & -1-\lambda \end{vmatrix}$$

$$=(2-\lambda)(\lambda-2)(\lambda+4)=0$$

得特征值 $\lambda_1=\lambda_2=2,\ \lambda_3=-4$。

对于 $\lambda_1=\lambda_2=2,\ R(\boldsymbol{A}-2\boldsymbol{E})=1=3-2$;对于 $\lambda_3=-4,\ R(\boldsymbol{A}-4\boldsymbol{E})=2=3-1$,所以方阵 $\boldsymbol{A}$ 能对角化。

对于 $\lambda_1=\lambda_2=2$,解齐次线性方程组 $(\boldsymbol{A}-2\boldsymbol{E})\boldsymbol{X}=\boldsymbol{O}$,得一个基础解系:$\boldsymbol{p}_1=(-2,\ 1,\ 0)^{\mathrm{T}},\ \boldsymbol{p}_2=(1,\ 0,\ 1)^{\mathrm{T}}$。

对于 $\lambda_3=-4$,解齐次线性方程组 $(\boldsymbol{A}+4\boldsymbol{E})\boldsymbol{X}=\boldsymbol{O}$,得一个基础解系 $\boldsymbol{p}_3=(1,\ -2,\ 3)^{\mathrm{T}}$。

由 $\boldsymbol{p}_1,\ \boldsymbol{p}_2,\ \boldsymbol{p}_3$ 构建方阵 $\boldsymbol{P}$:

$$\boldsymbol{P}=(\boldsymbol{p}_1,\ \boldsymbol{p}_2,\ \boldsymbol{p}_3)=\begin{pmatrix} -2 & 1 & 1 \\ 1 & 0 & -2 \\ 0 & 1 & 3 \end{pmatrix}$$

使得

$$P^{-1}AP=\begin{pmatrix}2&0&0\\0&2&0\\0&0&-4\end{pmatrix}$$

3\. 设 $P=\begin{pmatrix}0&2\\-1&0\end{pmatrix}$，$\boldsymbol{B}=\begin{pmatrix}a&0\\0&b\end{pmatrix}$，$P^{-1}\boldsymbol{A}P=\boldsymbol{B}$，求 $\boldsymbol{A}^{10}$。

解 因为 $P^{-1}\boldsymbol{A}P=\boldsymbol{B}$，得

$$\boldsymbol{A}=P\boldsymbol{B}P^{-1},\quad \boldsymbol{A}^{10}=(P\boldsymbol{B}P^{-1})^{10}=P\boldsymbol{B}^{10}P^{-1}$$

又 $P=\begin{pmatrix}0&2\\-1&0\end{pmatrix}$，$P^{-1}=\begin{pmatrix}0&-1\\\frac{1}{2}&0\end{pmatrix}$

得 $\boldsymbol{A}^{10}=\begin{pmatrix}0&2\\-1&0\end{pmatrix}\begin{pmatrix}a&0\\0&b\end{pmatrix}^{10}\begin{pmatrix}0&-1\\\frac{1}{2}&0\end{pmatrix}=\begin{pmatrix}0&2\\-1&0\end{pmatrix}\begin{pmatrix}a^{10}&0\\0&b^{10}\end{pmatrix}\begin{pmatrix}0&-1\\\frac{1}{2}&0\end{pmatrix}$

$$=\begin{pmatrix}b^{10}&0\\0&a^{10}\end{pmatrix}$$

5\. 设 $\boldsymbol{A}=\begin{pmatrix}-2&0&0\\2&a&2\\3&1&1\end{pmatrix}$，$B=\begin{pmatrix}-1&0&0\\0&2&0\\0&0&b\end{pmatrix}$

已知 $\boldsymbol{A}\sim\boldsymbol{B}$，求 a，b 的值及可逆矩阵 P，使 $P^{-1}\boldsymbol{A}P=\boldsymbol{B}$。

解 B 的特征值为 $\lambda_1=-1$，$\lambda_2=2$，$\lambda_3=b$。

因为 $\boldsymbol{A}\sim\boldsymbol{B}$，所以 $\boldsymbol{A}$ 的特征值也是 $\lambda_1=-1$，$\lambda_2=2$，$\lambda_3=b$。

而

$$|\boldsymbol{A}-\lambda\boldsymbol{E}|=\begin{vmatrix}-2-\lambda&0&0\\2&a-\lambda&2\\3&1&1-\lambda\end{vmatrix}=-(\lambda+2)[\lambda^2-(a+1)\lambda+a-2]=0$$

得 $\lambda_1=-1$，$\lambda_2=2$ 是 $\lambda^2-(a+1)\lambda+a-2=0$ 的根，于是 $a=0$。

又 $b=-2$，则

$\lambda_1=-1$ 时，解齐次线性方程组 $(\boldsymbol{A}+\boldsymbol{E})\boldsymbol{X}=\boldsymbol{O}$，得 $\boldsymbol{A}$ 对应于 $\lambda_1=-1$ 的特征向量 $\boldsymbol{p}_1=(0,-2,1)^{\mathrm{T}}$。

$\lambda_2=2$ 时，解齐次线性方程组 $(\boldsymbol{A}-2\boldsymbol{E})\boldsymbol{X}=\boldsymbol{O}$，得 $\boldsymbol{A}$ 对应于 $\lambda_2=2$ 的特征向量 $\boldsymbol{p}_2=(0,1,1)^{\mathrm{T}}$。

$\lambda_3=-2$ 时，解齐次线性方程组 $(\boldsymbol{A}+2\boldsymbol{E})\boldsymbol{X}=\boldsymbol{O}$，得 $\boldsymbol{A}$ 对应于 $\lambda_3=-2$ 的特征向量 $\boldsymbol{p}_3=(-1,\ 0,\ 1)^{\mathrm{T}}$。

令 $P=(\boldsymbol{p}_1,\ \boldsymbol{p}_2,\ \boldsymbol{p}_3)=\begin{pmatrix}0&0&-1\\-2&1&0\\1&1&1\end{pmatrix}$，则

$$P^{-1}\boldsymbol{A}P=B$$

习　题　5-3

2. 将下列线性无关的向量组化为标准正交向量组。

(1) $\boldsymbol{\alpha}_1=(1,\ 2,\ -1)^{\mathrm{T}}$，$\boldsymbol{\alpha}_2=(-1,\ 3,\ 1)^{\mathrm{T}}$，$\boldsymbol{\alpha}_3=(4,\ -1,\ 0)^{\mathrm{T}}$。

(2) $\boldsymbol{\alpha}_1=(1,\ 1,\ 1,\ 1)^{\mathrm{T}}$，$\boldsymbol{\alpha}_2=(3,\ 3,\ -1,\ -1)^{\mathrm{T}}$，$\boldsymbol{\alpha}_3=(-2,\ 0,\ 6,\ 8)^{\mathrm{T}}$。

解　(1) 正交化，取 $\boldsymbol{\beta}_1=\boldsymbol{\alpha}_1$。

$$\boldsymbol{\beta}_2=\boldsymbol{\alpha}_2-\frac{(\boldsymbol{\alpha}_2,\ \boldsymbol{\beta}_1)}{(\boldsymbol{\beta}_1,\ \boldsymbol{\beta}_1)}\boldsymbol{\beta}_1=\begin{pmatrix}-1\\3\\1\end{pmatrix}-\frac{2}{3}\begin{pmatrix}1\\2\\-1\end{pmatrix}=\begin{pmatrix}-\frac{5}{3}\\\frac{5}{3}\\\frac{5}{3}\end{pmatrix}$$

$$\boldsymbol{\beta}_3=\boldsymbol{\alpha}_3-\frac{(\boldsymbol{\alpha}_3,\ \boldsymbol{\beta}_1)}{(\boldsymbol{\beta}_1,\ \boldsymbol{\beta}_1)}\boldsymbol{\beta}_1-\frac{(\boldsymbol{\alpha}_3,\ \boldsymbol{\beta}_2)}{(\boldsymbol{\beta}_2,\ \boldsymbol{\beta}_2)}\boldsymbol{\beta}_2$$
$$=\begin{pmatrix}4\\-1\\0\end{pmatrix}-\frac{1}{3}\begin{pmatrix}1\\2\\-1\end{pmatrix}+\frac{5}{3}\begin{pmatrix}-1\\1\\1\end{pmatrix}=\begin{pmatrix}2\\0\\2\end{pmatrix}$$

单位化：

$$\boldsymbol{\varepsilon}_1=\frac{\boldsymbol{\beta}_1}{\|\boldsymbol{\beta}_1\|}=\left(\frac{1}{\sqrt{6}},\ \frac{2}{\sqrt{6}},\ -\frac{1}{\sqrt{6}}\right)^{\mathrm{T}}$$

$$\boldsymbol{\varepsilon}_2=\frac{\boldsymbol{\beta}_2}{\|\boldsymbol{\beta}_2\|}=\left(-\frac{1}{\sqrt{3}},\ \frac{1}{\sqrt{3}},\ \frac{1}{\sqrt{3}}\right)^{\mathrm{T}}$$

$$\boldsymbol{\varepsilon}_3=\frac{\boldsymbol{\beta}_3}{\|\boldsymbol{\beta}_3\|}=\left(\frac{1}{\sqrt{2}},\ 0,\ \frac{1}{\sqrt{2}}\right)^{\mathrm{T}}$$

得 $\boldsymbol{\varepsilon}_1,\ \boldsymbol{\varepsilon}_2,\ \boldsymbol{\varepsilon}_3$ 是标准正交向量组。

(3) 正交化，取 $\boldsymbol{\beta}_1=\boldsymbol{\alpha}_1$。

$$\boldsymbol{\beta}_2=\boldsymbol{\alpha}_2-\frac{(\boldsymbol{\alpha}_2,\boldsymbol{\beta}_1)}{(\boldsymbol{\beta}_1,\boldsymbol{\beta}_1)}\boldsymbol{\beta}_1=(2,2,-2,-2)^{\mathrm{T}}$$

$$\boldsymbol{\beta}_3=\boldsymbol{\alpha}_3-\frac{(\boldsymbol{\alpha}_3,\boldsymbol{\beta}_1)}{(\boldsymbol{\beta}_1,\boldsymbol{\beta}_1)}\boldsymbol{\beta}_1-\frac{(\boldsymbol{\alpha}_3,\boldsymbol{\beta}_2)}{(\boldsymbol{\beta}_2,\boldsymbol{\beta}_2)}\boldsymbol{\beta}_2=(-1,1,-1,1)^{\mathrm{T}}$$

单位化：

$$\boldsymbol{\varepsilon}_1=\frac{\boldsymbol{\beta}_1}{\|\boldsymbol{\beta}_1\|}=\frac{1}{2}\boldsymbol{\beta}_1=\left(\frac{1}{2},\frac{1}{2},\frac{1}{2},\frac{1}{2}\right)^{\mathrm{T}}$$

$$\boldsymbol{\varepsilon}_2=\frac{\boldsymbol{\beta}_2}{\|\boldsymbol{\beta}_2\|}=\frac{1}{4}\boldsymbol{\beta}_2=\left(\frac{1}{2},\frac{1}{2},-\frac{1}{2},-\frac{1}{2}\right)^{\mathrm{T}}$$

$$\boldsymbol{\varepsilon}_3=\frac{\boldsymbol{\beta}_3}{\|\boldsymbol{\beta}_3\|}=\frac{1}{2}\boldsymbol{\beta}_3=\left(-\frac{1}{2},\frac{1}{2},-\frac{1}{2},\frac{1}{2}\right)^{\mathrm{T}}$$

得 $\boldsymbol{\varepsilon}_1,\boldsymbol{\varepsilon}_2,\boldsymbol{\varepsilon}_3$ 是标准正交向量组。

4. 设 $\boldsymbol{A},\boldsymbol{B}$ 都是 n 阶正交矩阵，试证明 $\boldsymbol{AB}$ 也是正交矩阵。

证明　$\boldsymbol{A},\boldsymbol{B}$ 都是正交矩阵，所以 $\boldsymbol{A}^{-1}=\boldsymbol{A}^{\mathrm{T}},\boldsymbol{B}^{-1}=\boldsymbol{B}^{\mathrm{T}}$。

得
$$(\boldsymbol{AB})^{\mathrm{T}}=\boldsymbol{B}^{\mathrm{T}}\boldsymbol{A}^{\mathrm{T}}=\boldsymbol{B}^{-1}\boldsymbol{A}^{-1}=(\boldsymbol{AB})^{-1}$$

从而 $\boldsymbol{AB}$ 是正交矩阵。

6. 设三阶方阵 $\boldsymbol{A}$ 的特征值为 $\lambda_1=1,\lambda_2=0,\lambda_3=-1$；对应的特征向量分别为 $\boldsymbol{p}_1=(1,2,2)^{\mathrm{T}},\boldsymbol{p}_2=(2,-2,1)^{\mathrm{T}},\boldsymbol{p}_3=(-2,-1,2)^{\mathrm{T}}$，求方阵 $\boldsymbol{A}$。

解　由题意，存在可逆矩阵 P，使

$$P^{-1}\boldsymbol{A}P=\begin{pmatrix}1&&\\&0&\\&&-1\end{pmatrix},P=(\boldsymbol{p}_1,\boldsymbol{p}_2,\boldsymbol{p}_3)$$

于是
$$P=\begin{pmatrix}1&2&-2\\2&-2&-1\\2&1&2\end{pmatrix},P^{-1}=\begin{pmatrix}\frac{1}{9}&\frac{2}{9}&\frac{2}{9}\\\frac{2}{9}&-\frac{2}{9}&\frac{1}{9}\\-\frac{2}{9}&-\frac{1}{9}&\frac{2}{9}\end{pmatrix}$$

得
$$A = P\begin{pmatrix}1 & & \\ & 0 & \\ & & -1\end{pmatrix}P^{-1} = \begin{pmatrix}-\frac{1}{3} & 0 & \frac{2}{3} \\ 0 & \frac{1}{3} & \frac{2}{3} \\ \frac{2}{3} & \frac{2}{3} & 0\end{pmatrix}$$

7. 对下列实对称矩阵 A，求正交矩阵 P，使得 $P^{-1}AP$ 为对角阵。

(1) $A=\begin{pmatrix}3 & -2 & 4 \\ -2 & 6 & 2 \\ 4 & 2 & 3\end{pmatrix}$　　(4) $A=\begin{pmatrix}0 & 1 & 1 & -1 \\ 1 & 0 & -1 & 1 \\ 1 & -1 & 0 & 1 \\ -1 & 1 & 1 & 0\end{pmatrix}$

解　(1) 解特征方程

$$|A-\lambda E| = \begin{vmatrix}3-\lambda & -2 & 4 \\ -2 & 6-\lambda & 2 \\ 4 & 2 & 3-\lambda\end{vmatrix} = 0$$

得 A 的特征值为 $\lambda_1 = -2$，$\lambda_2 = \lambda_3 = 7$。

当 $\lambda_1 = -2$，解齐次线性方程组 $(A+2E)X = O$，得其一个基础解系为 $p_1 = (2, 1, -2)^T$。

当 $\lambda_2 = \lambda_3 = 7$，解齐次线性方程组 $(A-7E)X = O$，得其一个基础解系为 $p_2 = (1, 0, 1)^T$，$p_3 = (1, -2, 0)^T$。

p_1 与 p_2，p_3 正交，将 p_2，p_3 正交化。

取 $\beta_2 = p_2$

$$\beta_3 = p_3 - \frac{(p_3, \beta_2)}{(\beta_2, \beta_2)}\beta_2 = \left(\frac{1}{2}, -2, -\frac{1}{2}\right)^T$$

得正交向量组 p_1，β_2，β_3。

单位化：

$$\varepsilon_1 = \left(\frac{2}{3}, \frac{1}{3}, -\frac{2}{3}\right)^T,\quad \varepsilon_2 = \left(\frac{1}{\sqrt{2}}, 0, \frac{1}{\sqrt{2}}\right)^T,$$

$$\varepsilon_3 = \left(\frac{1}{3\sqrt{2}}, -\frac{4}{3\sqrt{2}}, -\frac{1}{3\sqrt{2}}\right)^T$$

得正交矩阵 $P=(\boldsymbol{\varepsilon}_1, \boldsymbol{\varepsilon}_2, \boldsymbol{\varepsilon}_3)=\begin{pmatrix} \frac{2}{3} & \frac{1}{\sqrt{2}} & \frac{1}{3\sqrt{2}} \\ \frac{1}{3} & 0 & -\frac{4}{3\sqrt{2}} \\ -\frac{2}{3} & \frac{1}{\sqrt{2}} & -\frac{1}{3\sqrt{2}} \end{pmatrix}$

使得

$$P^{-1}\boldsymbol{A}P=\begin{pmatrix} -2 & 0 & 0 \\ 0 & 7 & 0 \\ 0 & 0 & 7 \end{pmatrix}$$

(4) 解特征方程

$$|\boldsymbol{A}-\lambda\boldsymbol{E}|=\begin{vmatrix} -\lambda & 1 & 1 & -1 \\ 1 & -\lambda & -1 & 1 \\ 1 & -1 & -\lambda & 1 \\ -1 & 1 & 1 & -\lambda \end{vmatrix}=-(\lambda-1)^3(\lambda+3)=0$$

得 $\boldsymbol{A}$ 的特征值是 $\lambda_1=\lambda_2=\lambda_3=1$, $\lambda_4=-3$。

对于 $\lambda_1=\lambda_2=\lambda_3=1$,解齐次线性方程组 $(\boldsymbol{A}-\boldsymbol{E})\boldsymbol{X}=\boldsymbol{O}$,得一个基础解系:

$$\boldsymbol{p}_1=(1, 1, 0, 0)^{\mathrm{T}},\ \boldsymbol{p}_2=(1, 0, 1, 0),\ \boldsymbol{p}_3=(-1, 0, 0, 1)$$

将 $\boldsymbol{p}_1, \boldsymbol{p}_2, \boldsymbol{p}_3$ 正交化,得

$$\boldsymbol{\beta}_1=\boldsymbol{p}_1,\ \boldsymbol{\beta}_2=\left(\frac{1}{2}, -\frac{1}{2}, 1, 0\right)^{\mathrm{T}},\quad \boldsymbol{\beta}_3=\left(-\frac{1}{3}, \frac{1}{3}, \frac{1}{3}, 1\right)^{\mathrm{T}}$$

单位化,得

$$\boldsymbol{\varepsilon}_1=\left(\frac{1}{\sqrt{2}}, \frac{1}{\sqrt{2}}, 0, 0\right)^{\mathrm{T}},\quad \boldsymbol{\varepsilon}_2=\left(\frac{1}{\sqrt{6}}, -\frac{1}{\sqrt{6}}, \frac{2}{\sqrt{6}}, 0\right)^{\mathrm{T}}$$

$$\boldsymbol{\varepsilon}_3=\left(-\frac{1}{2\sqrt{3}}, \frac{1}{2\sqrt{3}}, \frac{1}{2\sqrt{3}}, \frac{3}{2\sqrt{3}}\right)^{\mathrm{T}},$$

对于 $\lambda_4=-3$,解齐次线性方程组 $(\boldsymbol{A}+3\boldsymbol{E})\boldsymbol{X}=\boldsymbol{O}$,得一个基础解系 $\boldsymbol{p}_4=(1, -1, -1, 1)$,单位化 $\boldsymbol{p}_4$。得

$$\boldsymbol{\varepsilon}_4=\left(\frac{1}{2}, -\frac{1}{2}, -\frac{1}{2}, \frac{1}{2}\right)^{\mathrm{T}}$$

得正交矩阵 P 为

$$P=(\boldsymbol{\varepsilon}_1,\boldsymbol{\varepsilon}_2,\boldsymbol{\varepsilon}_3,\boldsymbol{\varepsilon}_4)=\begin{pmatrix}\frac{1}{\sqrt{2}} & \frac{1}{\sqrt{6}} & -\frac{1}{2\sqrt{3}} & \frac{1}{2}\\ \frac{1}{\sqrt{2}} & -\frac{1}{\sqrt{6}} & \frac{1}{2\sqrt{3}} & -\frac{1}{2}\\ 0 & \frac{2}{\sqrt{6}} & \frac{1}{2\sqrt{3}} & -\frac{1}{2}\\ 0 & 0 & \frac{3}{2\sqrt{3}} & \frac{1}{2}\end{pmatrix}$$

且使

$$P^{-1}\boldsymbol{A}P=\begin{pmatrix}1 & & & \\ & 1 & & \\ & & 1 & \\ & & & -3\end{pmatrix}$$

习 题 5-4

2. 用配方法化下列二次型为标准形，并求所用的可逆线性变换矩阵。

(2) $f=x_1^2-3x_2^2-2x_1x_2+2x_1x_3-6x_2x_3$

(4) $f=x_1x_2+x_1x_3+x_2x_3$

解 (2) $f=x_1^2-2x_1(x_2-x_3)-3x_2^2-6x_2x_3$

$=(x_1-x_2+x_3)^2-4x_2^2-4x_2x_3-x_3^2$

$=(x_1-x_2+x_3)^2-(2x_2+x_3)^2$

令 $\begin{cases}y_1=x_1-x_2+x_3\\ y_2=2x_2+x_3\\ y_3=x_3\end{cases}$

于是通过可逆线性变换

$$\begin{cases}x_1=y_1+\frac{1}{2}y_2-\frac{3}{2}y_3\\ x_2=\frac{1}{2}y_2-\frac{1}{2}y_3\\ x_3=y_3\end{cases}$$

化为标准形　$f=y_1^2-y_2^2$

所用的可逆线性变换矩阵 C 为

$$C=\begin{pmatrix}1 & \frac{1}{2} & -\frac{3}{2}\\ 0 & \frac{1}{2} & -\frac{1}{2}\\ 0 & 0 & 1\end{pmatrix}$$

(4) 设 $\begin{cases}x_1=z_1+z_2\\ x_2=z_1-z_2\\ x_3=z_3\end{cases}$

得　$f=z_1^2-z_2^2+2z_1z_3=(z_1+z_3)^2-z_2^2-z_3^2$

令 $\begin{cases}y_1=z_1+z_3\\ y_2=z_2\\ y_3=z_3\end{cases}$

其逆变换为

$$\begin{cases}z_1=y_1-y_3\\ z_2=y_2\\ z_3=y_3\end{cases}$$

化为标准形　$f=y_1^2-y_2^2-y_3^2$

所用的可逆线性变换矩阵 C 为

$$C=\begin{pmatrix}1 & 1 & 0\\ 1 & -1 & 0\\ 0 & 0 & 1\end{pmatrix}\begin{pmatrix}1 & 0 & -1\\ 0 & 1 & 0\\ 0 & 0 & 1\end{pmatrix}=\begin{pmatrix}1 & 1 & -1\\ 1 & -1 & -1\\ 0 & 0 & 1\end{pmatrix}$$

3. 用正交变换化下列二次型为标准形。

(2) $f=2x_1^2+3x_2^2+3x_3^2+4x_2x_3$

解　(2) 二次型的矩阵 $\boldsymbol{A}=\begin{pmatrix}2 & 0 & 0\\ 0 & 3 & 2\\ 0 & 2 & 3\end{pmatrix}$。

解特征方程

$$|A-\lambda E|=\begin{vmatrix}2-\lambda & 0 & 0\\ 0 & 3-\lambda & 2\\ 0 & 2 & 3-\lambda\end{vmatrix}=(2-\lambda)(5-\lambda)(1-\lambda)=0$$

得 A 的特征值为 $\lambda_1=2$, $\lambda_2=1$, $\lambda_3=5$。

当 $\lambda_1=2$ 时，解齐次线性方程组 $(A-2E)X=O$，得其一个基础解系 $p_1=(1,0,0)^T$。

当 $\lambda_2=1$ 时，解齐次线性方程组 $(A-E)X=O$，得其一个基础解系 $p_2=(0,1,-1)^T$。

当 $\lambda_3=5$ 时，解齐次线性方程组 $(A-5E)X=O$，得其一个基础解系 $p_3=(0,1,1)^T$。

对于实对称矩阵，属于不同特征值的特向量必相互正交，所以 p_1，p_2，p_3 是正交向量组，仅需单位化，得

$$\varepsilon_1=(1,0,0)^T,\ \varepsilon_2=\left(0,\frac{1}{\sqrt{2}},-\frac{1}{\sqrt{2}}\right)^T,\ \varepsilon_2=\left(0,\frac{1}{\sqrt{2}},\frac{1}{\sqrt{2}}\right)^T$$

得正交矩阵

$$P=(\varepsilon_1,\varepsilon_2,\varepsilon_3)=\begin{pmatrix}1 & 0 & 0\\ 0 & \frac{1}{\sqrt{2}} & \frac{1}{\sqrt{2}}\\ 0 & -\frac{1}{\sqrt{2}} & \frac{1}{\sqrt{2}}\end{pmatrix}$$

于是通过正交变换

$$\begin{pmatrix}x_1\\ x_2\\ x_3\end{pmatrix}=\begin{pmatrix}1 & 0 & 0\\ 0 & \frac{1}{\sqrt{2}} & \frac{1}{\sqrt{2}}\\ 0 & -\frac{1}{\sqrt{2}} & \frac{1}{\sqrt{2}}\end{pmatrix}\begin{pmatrix}y_1\\ y_2\\ y_3\end{pmatrix}$$

使得二次型化为标准形

$$f=2y_1^2+y_2^2+5y_3^2$$

习 题 5-5

1. 判别下列二次型是正定还是负定?

(2) $f(x_1, x_2, x_3)=5x_1^2+x_2^2+5x_3^2+4x_1x_2-8x_1x_3-4x_2x_3$

解 (2) 二次型 f 的矩阵是

$$\boldsymbol{A}=\begin{pmatrix}5 & 2 & -4\\ 2 & 1 & -2\\ -4 & -2 & 5\end{pmatrix}$$

因 $\boldsymbol{A}$ 的各顺序主子式为

$$|5|=5>0,\quad \begin{vmatrix}5 & 2\\ 2 & 1\end{vmatrix}=1>0,\quad |\boldsymbol{A}|=1>0$$

所以 f 是正定二次型。

2. 设 $f(x_1, x_2, x_3)=x_1^2+x_2^2+5x_3^2-2\lambda x_1x_2-2x_1x_3+4x_2x_3$，确定 λ 的值，使 f 成为正定二次型。

解 二次型 f 的矩阵是

$$\boldsymbol{A}=\begin{pmatrix}1 & -\lambda & -1\\ -\lambda & 1 & 2\\ -1 & 2 & 5\end{pmatrix}$$

$\boldsymbol{A}$ 的各顺序主子式为

$$|1|=1,\quad \begin{vmatrix}1 & -\lambda\\ -\lambda & 1\end{vmatrix}=1-\lambda^2,\quad |\boldsymbol{A}|=\lambda(4-5\lambda)$$

f 为正定二次型,则应有

$$\begin{cases}1-\lambda^2>0\\ \lambda(4-5\lambda)>0\end{cases}$$

得 $0<\lambda<\dfrac{4}{5}$

从而,当 $0<\lambda<\dfrac{4}{5}$ 时,f 为正定二次型。

3. 设 $\boldsymbol{U}$ 为可逆矩阵，$\boldsymbol{A}=\boldsymbol{U}^{\mathrm{T}}\boldsymbol{U}$，证明 $f=\boldsymbol{X}^{\mathrm{T}}\boldsymbol{A}\boldsymbol{X}$ 为正定二次型。

证明 设 $\boldsymbol{U}$ 为 n 阶方阵，$\boldsymbol{X}=(x_1, x_2, \cdots, x_n)^{\mathrm{T}}$，由 $\boldsymbol{A}=\boldsymbol{U}^{\mathrm{T}}U$，得

$$f=\boldsymbol{X}^{\mathrm{T}}\boldsymbol{A}\boldsymbol{X}=\boldsymbol{X}^{\mathrm{T}}(\boldsymbol{U}^{\mathrm{T}}\boldsymbol{U})\boldsymbol{X}=(\boldsymbol{X}^{\mathrm{T}}\boldsymbol{U}^{\mathrm{T}})(\boldsymbol{U}\boldsymbol{X})=(\boldsymbol{U}\boldsymbol{X})^{\mathrm{T}}(\boldsymbol{U}\boldsymbol{X})$$

设 $Y=\boldsymbol{U}\boldsymbol{X}, Y=(y_1, y_2, \cdots, y_n)^{\mathrm{T}}$

对于任意非零向量 $\boldsymbol{X}$，由 $Y=\boldsymbol{U}\boldsymbol{X}$，得向量 Y。因为 $\boldsymbol{U}$ 可逆。

所以 Y 是非零向量，否则由 $\boldsymbol{X}=\boldsymbol{U}^{-1}Y$，得 $\boldsymbol{X}=0$，矛盾。所以

$$f=Y^{\mathrm{T}}Y=y_1^2+y_2^2+\cdots+y_n^2$$

故 f 是正定二次型。

4. 设实对称矩阵 $\boldsymbol{A}$ 为正定矩阵，证明存在可逆矩阵 $\boldsymbol{U}$，使 $\boldsymbol{A}=\boldsymbol{U}^{\mathrm{T}}\boldsymbol{U}$。

证明 因为 $\boldsymbol{A}$ 是正定矩阵。于是存在可逆矩阵 C，使

$$C^{\mathrm{T}}\boldsymbol{A}C=\boldsymbol{E}$$

从而 $\boldsymbol{A}=(C^{\mathrm{T}})^{-1}\boldsymbol{E}C^{-1}=(C^{\mathrm{T}})^{-1}C^{-1}=(C^{-1})^{\mathrm{T}}C^{-1}$

令 $\boldsymbol{U}=C^{-1}$，显然 $\boldsymbol{U}$ 为可逆矩阵，得

$$\boldsymbol{A}=\boldsymbol{U}^{\mathrm{T}}\boldsymbol{U}$$

复习题四

3. 求矩阵 $\boldsymbol{A}=\begin{pmatrix} 4 & 6 & 0 \\ -3 & -5 & 0 \\ -3 & -6 & 1 \end{pmatrix}$ 的特征值及特征向量。

解 解特征方程 $|A-\lambda E|=\begin{vmatrix} 4-\lambda & 6 & 0 \\ -3 & -5-\lambda & 0 \\ -3 & -6 & 1-\lambda \end{vmatrix}=-(\lambda+2)(\lambda-1)^2=0$

得 $\boldsymbol{A}$ 的特征值 $\lambda_1=-2$，$\lambda_2=\lambda_3=1$。

当 $\lambda_1=-2$ 时，解齐次线性方程组 $(\boldsymbol{A}+2\boldsymbol{E})\boldsymbol{X}=\boldsymbol{O}$，得其一个基础解系，

$\boldsymbol{p}_1=(-1, 1, 1)^{\mathrm{T}}$。所以，对应于 $\lambda_1=2$，矩阵 $\boldsymbol{A}$ 的全部特征向量为 $c_1\boldsymbol{p}_1$，c_1 为非零任意常数。

当 $\lambda_2=\lambda_3=1$ 时，解齐次线性方程组 $(\boldsymbol{A}-\boldsymbol{E})\boldsymbol{X}=\boldsymbol{O}$，得其一个基础解系为 $\boldsymbol{p}_2=(-2, 1, 0)^{\mathrm{T}}$，$\boldsymbol{p}_3=(0, 0, 1)^{\mathrm{T}}$。所以对应于 $\lambda_2=\lambda_3=1$，矩阵 $\boldsymbol{A}$ 的全部特征向量为

$c_2\boldsymbol{p}_2+c_3\boldsymbol{p}_3$，$c_1$，$c_2$ 为不全为零的任意常数。

4. 将线性无关向量组 $\boldsymbol{\alpha}_1=(1,0,1,0)^{\mathrm{T}}$，$\boldsymbol{\alpha}_2=(0,1,2,1)^{\mathrm{T}}$，$\boldsymbol{\alpha}_3=(1,1,0,1)^{\mathrm{T}}$ 化为标准正交向量组。

解 取

$$\boldsymbol{\beta}_1=\boldsymbol{\alpha}_1$$

$$\boldsymbol{\beta}_2=\boldsymbol{\alpha}_2-\frac{(\boldsymbol{\alpha}_2,\boldsymbol{\beta}_1)}{(\boldsymbol{\beta}_1,\boldsymbol{\beta}_1)}\boldsymbol{\beta}_1=\begin{pmatrix}0\\1\\2\\1\end{pmatrix}-\frac{2}{2}\begin{pmatrix}1\\0\\1\\0\end{pmatrix}=\begin{pmatrix}-1\\1\\1\\1\end{pmatrix}$$

$$\boldsymbol{\beta}_3=\boldsymbol{\alpha}_3-\frac{(\boldsymbol{\alpha}_3,\boldsymbol{\beta}_1)}{(\boldsymbol{\beta}_1,\boldsymbol{\beta}_1)}\boldsymbol{\beta}_1-\frac{(\boldsymbol{\alpha}_3,\boldsymbol{\beta}_2)}{(\boldsymbol{\beta}_2,\boldsymbol{\beta}_2)}\boldsymbol{\beta}_2=\begin{pmatrix}1\\1\\0\\1\end{pmatrix}-\frac{1}{2}\begin{pmatrix}1\\0\\1\\0\end{pmatrix}-\frac{1}{4}\begin{pmatrix}-1\\1\\1\\1\end{pmatrix}$$

$$=\left(\frac{3}{4},\frac{3}{4},-\frac{3}{4},\frac{3}{4}\right)^{\mathrm{T}}$$

单位化：

$$\boldsymbol{\varepsilon}_1=\frac{\boldsymbol{\beta}_1}{\|\boldsymbol{\beta}_1\|}=\left(\frac{1}{\sqrt{2}},0,\frac{1}{\sqrt{2}},0\right)^{\mathrm{T}},$$

$$\boldsymbol{\varepsilon}_2=\frac{\boldsymbol{\beta}_2}{\|\boldsymbol{\beta}_2\|}=\left(-\frac{1}{2},\frac{1}{2},\frac{1}{2},\frac{1}{2}\right)^{\mathrm{T}},$$

$$\boldsymbol{\varepsilon}_3=\frac{\boldsymbol{\beta}_3}{\|\boldsymbol{\beta}_3\|}=\left(\frac{1}{2},\frac{1}{2},-\frac{1}{2},\frac{1}{2}\right)^{\mathrm{T}}$$

则 $\boldsymbol{\varepsilon}_1$，$\boldsymbol{\varepsilon}_2$，$\boldsymbol{\varepsilon}_3$ 为标准正交向量组。

5. 试问方阵 $\boldsymbol{A}=\begin{pmatrix}0&0&0\\0&0&0\\3&0&1\end{pmatrix}$ 能否对角化？若能对角化，求出可逆矩阵 P，使 $P^{-1}\boldsymbol{A}P$ 为对角阵。

解 解特征方程 $|\boldsymbol{A}-\lambda\boldsymbol{E}|=\begin{vmatrix}-\lambda&0&0\\0&-\lambda&0\\3&0&1-\lambda\end{vmatrix}=\lambda^2(1-\lambda)=0$

所以 $\boldsymbol{A}$ 的特征值为 $\lambda_1=\lambda_2=0$，$\lambda_3=1$。

当 $\lambda_1 = \lambda_2 = 0$ 时,解齐次线性方程组 $(\boldsymbol{A} - 0\boldsymbol{E})\boldsymbol{X} = \boldsymbol{O}$,得基础解系

$$\boldsymbol{p}_1 = (0, 1, 0)^{\mathrm{T}}, \boldsymbol{p}_2 = (1, 0, -3)^{\mathrm{T}}。$$

当 $\lambda_3 = 1$ 时,解齐次线性方程组 $(\boldsymbol{A} - \boldsymbol{E})\boldsymbol{X} = \boldsymbol{O}$,得基础解系 $\boldsymbol{p}_3 = (0, 0, 1)^{\mathrm{T}}$。

因为 $\boldsymbol{A}$ 有三个线性无关的特征向量 $\boldsymbol{p}_1, \boldsymbol{p}_2, \boldsymbol{p}_3$,所以 $\boldsymbol{A}$ 相似于对角阵,即

$$\boldsymbol{A} \sim \begin{pmatrix} 0 & 0 & 0 \\ 0 & 0 & 0 \\ 0 & 0 & 1 \end{pmatrix}$$

其相似变换矩阵 P 为

$$P = \begin{pmatrix} 0 & 1 & 0 \\ 1 & 0 & 0 \\ 0 & -3 & 1 \end{pmatrix}$$

6. 设 $\boldsymbol{A} = \begin{pmatrix} 0 & 0 & 1 \\ 1 & 1 & a \\ 1 & 0 & 0 \end{pmatrix}$ 能对角化,求 a 的值。

解 解特征方程 $|\boldsymbol{A} - \lambda\boldsymbol{E}| = \begin{vmatrix} -\lambda & 0 & 1 \\ 1 & 1-\lambda & a \\ 1 & 0 & -\lambda \end{vmatrix}$

$$= -(1-\lambda)^2(\lambda+1) = 0$$

得 $\boldsymbol{A}$ 的特征值 $\lambda_1 = -1$, $\lambda_2 = \lambda_3 = 1$。

因为 $\boldsymbol{A}$ 能对角化,所以 $R(\boldsymbol{A} - \boldsymbol{E}) = 1 = 3 - 2$,又

$$\boldsymbol{A} - \boldsymbol{E} = \begin{pmatrix} -1 & 0 & 1 \\ 1 & 0 & a \\ 1 & 0 & -1 \end{pmatrix} \to \begin{pmatrix} 1 & 0 & -1 \\ 0 & 0 & a+1 \\ 0 & 0 & 0 \end{pmatrix}$$

得 $a + 1 = 0$, $a = -1$。

8. 设 $\boldsymbol{A} = \begin{pmatrix} 1 & 0 & 1 \\ 0 & 1 & 1 \\ 1 & 1 & 2 \end{pmatrix}$,求正交矩阵 P,使得 $P^{-1}\boldsymbol{A}P$ 为对角阵。

解 解特征方程 $|\boldsymbol{A} - \lambda\boldsymbol{E}| = \begin{vmatrix} 1-\lambda & 0 & 1 \\ 0 & 1-\lambda & 1 \\ 1 & 1 & 2-\lambda \end{vmatrix} = (1-\lambda)(\lambda-3)\lambda = 0$

得 $\boldsymbol{A}$ 的特征值 $\lambda_1=0$，$\lambda_2=1$，$\lambda_3=3$。

当 $\lambda_1=0$ 时，解齐次线性方程组 $\boldsymbol{AX}=\boldsymbol{O}$，得其一个基础解系 $\boldsymbol{p}_1=(-1,-1,1)^{\mathrm{T}}$。

当 $\lambda_2=1$ 时，解齐次线性方程组 $(\boldsymbol{A}-\boldsymbol{E})\boldsymbol{X}=\boldsymbol{O}$，得其一个基础解系 $\boldsymbol{p}_2=(-1,1,0)^{\mathrm{T}}$。

当 $\lambda_3=3$ 时，解齐次线性方程组 $(\boldsymbol{A}-3\boldsymbol{E})\boldsymbol{X}=\boldsymbol{O}$，得其一个基础解系 $\boldsymbol{p}_3=(1,1,2)^{\mathrm{T}}$。

$\boldsymbol{p}_1$，$\boldsymbol{p}_2$，$\boldsymbol{p}_3$ 是正交向量组，单位化，得

$$\boldsymbol{\varepsilon}_1=\left(-\frac{1}{\sqrt{3}},-\frac{1}{\sqrt{3}},\frac{1}{\sqrt{3}}\right)^{\mathrm{T}},\ \boldsymbol{\varepsilon}_2=\left(-\frac{1}{\sqrt{2}},\frac{1}{\sqrt{2}},0\right)^{\mathrm{T}},\ \boldsymbol{\varepsilon}_3=\left(\frac{1}{\sqrt{6}},\frac{1}{\sqrt{6}},\frac{2}{\sqrt{6}}\right)^{\mathrm{T}}$$

得正交矩阵 P 为

$$P=(\boldsymbol{\varepsilon}_1,\boldsymbol{\varepsilon}_2,\boldsymbol{\varepsilon}_3)=\begin{pmatrix}-\frac{1}{\sqrt{3}} & -\frac{1}{\sqrt{2}} & \frac{1}{\sqrt{6}}\\ -\frac{1}{\sqrt{3}} & \frac{1}{\sqrt{2}} & \frac{1}{\sqrt{6}}\\ \frac{1}{\sqrt{3}} & 0 & \frac{2}{\sqrt{6}}\end{pmatrix}$$

且使得

$$P^{-1}\boldsymbol{A}P=\begin{pmatrix}0&0&0\\0&1&0\\0&0&3\end{pmatrix}$$

9. 用正交变换将二次型 $f(x_1,x_2,x_3)=x_1^2+4x_2^2+x_3^2-4x_1x_2-8x_1x_3-4x_2x_3$ 化为标准形。

解 f 对应的二次型矩阵为

$$\boldsymbol{A}=\begin{pmatrix}1&-2&-4\\-2&4&-2\\-4&-2&1\end{pmatrix}$$

解特征方程

$$|\boldsymbol{A}-\lambda\boldsymbol{E}|=\begin{vmatrix}1-\lambda&-2&-4\\-2&4-\lambda&-2\\-4&-2&1-\lambda\end{vmatrix}=-(\lambda-5)^2(\lambda+4)=0$$

得 $\boldsymbol{A}$ 的特征值为 $\lambda_1=\lambda_2=5,\ \lambda_3=-4$。

当 $\lambda_1=\lambda_2=5$ 时，解齐次线性方程组 $(\boldsymbol{A}-5\boldsymbol{E})\boldsymbol{X}=\boldsymbol{O}$，得一个基础解系 $\boldsymbol{p}_1=(1,\ -2,\ 0)^{\mathrm{T}}$，$\boldsymbol{p}_2=(1,\ 0,\ -1)^{\mathrm{T}}$。

将 $\boldsymbol{p}_1$，$\boldsymbol{p}_2$ 化为标准正交向量组，得

$$\boldsymbol{\varepsilon}_1=\left(\frac{1}{\sqrt{5}},\ -\frac{2}{\sqrt{5}},\ 0\right)^{\mathrm{T}},\ \boldsymbol{\varepsilon}_2=\left(\frac{4}{3\sqrt{5}},\ \frac{2}{3\sqrt{5}},\ -\frac{5}{3\sqrt{5}}\right)^{\mathrm{T}}$$

当 $\lambda_3=-4$ 时，解齐次线性方程组 $(\boldsymbol{A}+4\boldsymbol{E})\boldsymbol{X}=\boldsymbol{O}$，得基础解系 $\boldsymbol{p}_3=(2,\ 1,\ 2)^{\mathrm{T}}$，将 $\boldsymbol{p}_3$ 单位化，得

$$\boldsymbol{\varepsilon}_1=\left(\frac{2}{3},\ \frac{1}{3},\ \frac{2}{3}\right)^{\mathrm{T}}$$

二次型 f 通过正交变换

$$\begin{pmatrix}x_1\\x_2\\x_3\end{pmatrix}=\begin{pmatrix}\frac{1}{\sqrt{5}} & \frac{4}{3\sqrt{5}} & \frac{2}{3}\\ -\frac{2}{\sqrt{5}} & \frac{2}{3\sqrt{5}} & \frac{1}{3}\\ 0 & -\frac{5}{3\sqrt{5}} & \frac{2}{\sqrt{3}}\end{pmatrix}\begin{pmatrix}y_1\\y_2\\y_3\end{pmatrix}$$

化为

$$f=5y_1^2+5y_2^2-4y_3^2$$

第四节　测试题及其解答

一、测　试　题

(一) A　　卷

1. 选择题。

(1) 矩阵 $\boldsymbol{A}=\begin{pmatrix}1 & 2 & 4\\ -4 & 7 & 1\\ 0 & 0 & 4\end{pmatrix}$ 的特征方程是(　　)。

A. $(\lambda-3)(\lambda-5)(4-\lambda)=0$　　B. $|\boldsymbol{A}-\lambda\boldsymbol{E}|$

C. $(1-\lambda)(7-\lambda)(4-\lambda)=0$　　D. $-\lambda^3+2\lambda^2+3\lambda+7=0$

(2) 下面的方阵中，是正交矩阵的是(　　)。

A. $\begin{pmatrix} \frac{1}{\sqrt{2}} & \frac{1}{\sqrt{3}} & 0 \\ -\frac{1}{\sqrt{2}} & \frac{1}{\sqrt{3}} & \frac{1}{\sqrt{3}} \\ 0 & \frac{1}{\sqrt{3}} & -\frac{1}{\sqrt{3}} \end{pmatrix}$　　B. $\begin{pmatrix} -\frac{1}{3} & -\frac{2}{\sqrt{5}} & \frac{2}{3\sqrt{5}} \\ -\frac{2}{3} & \frac{1}{\sqrt{5}} & \frac{4}{3\sqrt{5}} \\ \frac{2}{3} & 0 & \frac{5}{3\sqrt{5}} \end{pmatrix}$

C. $\begin{pmatrix} 1 & 0 & 0 \\ 0 & 1 & \frac{1}{\sqrt{2}} \\ 0 & 0 & \frac{1}{\sqrt{2}} \end{pmatrix}$　　D. $\begin{pmatrix} 2 & 1 & 1 \\ 1 & 3 & 1 \\ 6 & 0 & 1 \end{pmatrix}$

2. 填空题。

(1) 二次型 $f=x_1x_2+x_2x_3+x_3^2$ 的矩阵是________。

(2) 1、−1、0 为三阶方阵 $\boldsymbol{A}$ 的特征值，则 $\boldsymbol{A}$ 相似于________。

3. 用施密特正交化法，将线性无关的向量

$$\boldsymbol{\alpha}_1=\begin{pmatrix} 2 \\ -1 \\ 0 \end{pmatrix},\ \boldsymbol{\alpha}_2=\begin{pmatrix} 2 \\ 0 \\ 1 \end{pmatrix},\ \boldsymbol{\alpha}_3=\begin{pmatrix} 1 \\ 2 \\ -2 \end{pmatrix}$$

化为标准正交向量组。

4. 试问矩阵 $\boldsymbol{A}=\begin{pmatrix} 3 & -1 & -2 \\ 2 & 0 & -2 \\ 2 & -1 & -1 \end{pmatrix}$ 能否对角化？若能对角化，求出可逆矩阵 P，使 $P^{-1}\boldsymbol{A}P$ 为对角阵。

5. 已知向量 $\boldsymbol{p}=(1,2,2)^{\mathrm{T}}$ 是方阵 $\boldsymbol{A}=\begin{pmatrix} 1 & 1 & -1 \\ a & 4 & -2 \\ -2 & b & 0 \end{pmatrix}$ 的一个特征向量，(1) 求 a，b 的值及特征向量 $\boldsymbol{p}$ 所对应的特征值。(2) 方阵 $\boldsymbol{A}$ 能否对角化？

6. 用配方法化二次型 $f=x_1^2+5x_2^2+5x_3^2+4x_1x_2-4x_1x_3-8x_2x_3$ 为标准形，并求出变换矩阵。

(二) B　卷

1. 选择题。

(1) 设 f 是实二次型,则 f 的标准形与化为标准形所用的可逆线性变换 $\boldsymbol{X}=C\boldsymbol{Y}$ 的关系是(　　)。

A. C 与 f 的标准形都是唯一确定的

B. C 不唯一,但 f 的标准形是相同的

C. C 唯一,但 f 的标准形是不同的

D. C 与 f 的标准形都不是唯一确定的

(2) 设 $\boldsymbol{A}$ 为 n 阶实对称矩阵,则结论一定成立的是(　　)。

A. $\boldsymbol{A}$ 一定有 n 个不同的实特征值

B. $\boldsymbol{A}$ 一定有 n 个线性无关的特征向量

C. $\boldsymbol{A}$ 的所有特征向量一定线性无关

D. $\boldsymbol{A}$ 的不同特征值所对应的特征向量一定线性无关,但不一定正交

2. 填空题。

(1) 设 λ, μ 为实对称方阵 $\boldsymbol{A}$ 的两个不同的特征值,$\boldsymbol{p}_1, \boldsymbol{p}_2$ 为 $\boldsymbol{A}$ 的分别对应于 λ, μ 的特征向量,则内积 $(\boldsymbol{p}_1, \boldsymbol{p}_2)=$ ________。

(2) $\boldsymbol{\alpha}=(1, 2, 3, 7)^{\mathrm{T}}$, $\boldsymbol{\beta}=(-3, 0, 4, 1)^{\mathrm{T}}$,则内积 $(\boldsymbol{\alpha}, \boldsymbol{\beta})=$ ________, $\|\boldsymbol{\alpha}\|=$ ________。

3. 求矩阵 $\boldsymbol{A}=\begin{pmatrix}1 & 2 & 2\\ 2 & 1 & 2\\ 2 & 2 & 1\end{pmatrix}$ 的全部特征值与特征向量。

4. 求一个正交的相似变换矩阵 P,将

$$\boldsymbol{A}=\begin{pmatrix}2 & 2 & -2\\ 2 & 5 & -4\\ -2 & -4 & 5\end{pmatrix}$$

化为对角矩阵。

5. 证明具有相同特征值的实对称矩阵 $\boldsymbol{A}$ 与 $\boldsymbol{B}$ 必相似。

6. 问 λ 取何值时,二次型 $f=x_1^2+\lambda(x_2^2+x_3^2)+2x_1x_2+4x_2x_3-2x_1x_3$ 为正定二次型。

二、测试题解答

(一) A 卷解答

1.

(1)	(2)
A	B

2. (1) $\begin{pmatrix} 0 & \frac{1}{2} & 0 \\ \frac{1}{2} & 0 & \frac{1}{2} \\ 0 & \frac{1}{2} & 1 \end{pmatrix}$。 (2) $\begin{pmatrix} 1 & & \\ & 0 & \\ & & -1 \end{pmatrix}$。

3. **解** 令$\boldsymbol{\beta}_1 = \boldsymbol{\alpha}_1$

$$\boldsymbol{\beta}_2 = \boldsymbol{\alpha}_2 - \frac{(\boldsymbol{\alpha}_2, \boldsymbol{\beta}_1)}{(\boldsymbol{\beta}_1, \boldsymbol{\beta}_1)}\boldsymbol{\beta}_1 = \begin{pmatrix} \frac{2}{5} \\ \frac{4}{5} \\ 1 \end{pmatrix}$$

$$\boldsymbol{\beta}_3 = \boldsymbol{\alpha}_3 - \frac{(\boldsymbol{\alpha}_3, \boldsymbol{\beta}_1)}{(\boldsymbol{\beta}_1, \boldsymbol{\beta}_1)}\boldsymbol{\beta}_1 - \frac{(\boldsymbol{\alpha}_3, \boldsymbol{\beta}_2)}{(\boldsymbol{\beta}_2, \boldsymbol{\beta}_2)}\boldsymbol{\beta}_2 = \begin{pmatrix} 1 \\ 2 \\ -2 \end{pmatrix}$$

再单位化,得

$$\boldsymbol{\varepsilon}_1 = \begin{pmatrix} \frac{2\sqrt{5}}{5} \\ -\frac{\sqrt{5}}{5} \\ 0 \end{pmatrix}, \quad \boldsymbol{\varepsilon}_2 = \begin{pmatrix} \frac{2\sqrt{5}}{15} \\ \frac{4\sqrt{5}}{15} \\ \frac{\sqrt{5}}{3} \end{pmatrix}, \quad \boldsymbol{\varepsilon}_3 = \begin{pmatrix} \frac{1}{3} \\ \frac{2}{3} \\ -\frac{2}{3} \end{pmatrix}$$

所以 $\boldsymbol{\varepsilon}_1, \boldsymbol{\varepsilon}_2, \boldsymbol{\varepsilon}_3$ 为所求标准正交向量组。

4. **解** 解特征方程

$$|A-\lambda E| \begin{vmatrix} 3-\lambda & -1 & -2 \\ 2 & -\lambda & -2 \\ 2 & -1 & -1-\lambda \end{vmatrix} = -\lambda^2(\lambda-1) = 0$$

得特征值 $\lambda_1 = 0$, $\lambda_2 = \lambda_3 = 1$。

当 $\lambda_1 = 0$ 时,解齐次线性方程组 $(A-0E)X = O$,

$$A-0E = \begin{bmatrix} 3 & -1 & -2 \\ 2 & 0 & -2 \\ 2 & -1 & -1 \end{bmatrix} \rightarrow \begin{bmatrix} 1 & 0 & -1 \\ 0 & 1 & -1 \\ 0 & 0 & 0 \end{bmatrix}$$

得一个基础解系 $p_1 = (1, 1, 1)^{-1}$。

当 $\lambda_2 = \lambda_3 = 1$ 时,解齐次线性方程组 $(A-E)X = O$,

$$A-E = \begin{bmatrix} 2 & -1 & -2 \\ 2 & -1 & -2 \\ 2 & -1 & -2 \end{bmatrix} \rightarrow \begin{bmatrix} 1 & -\frac{1}{2} & -1 \\ 0 & 0 & 0 \\ 0 & 0 & 0 \end{bmatrix}$$

$R(A-E) = 3-2 = 1$,所以 A 可以对角化,且得一个基础解系

$$p_2 = (1, 2, 0)^{\mathrm{T}}, \quad p_3 = (1, 0, 1)^{\mathrm{T}}。$$

设 $P = (p_1, p_2, p_3)$ 为可逆矩阵,且使 $P^{-1}AP = \begin{bmatrix} 0 & 0 & 0 \\ 0 & 1 & 0 \\ 0 & 0 & 1 \end{bmatrix}$。

5. **解** 设 p 对应的特征值为 λ。于是 $Ap = \lambda_0 p$,得

$$Ap = \begin{bmatrix} 1 & 1 & -1 \\ a & 4 & -2 \\ -2 & b & 0 \end{bmatrix} \begin{bmatrix} 1 \\ 2 \\ 2 \end{bmatrix} = \begin{bmatrix} 1 \\ a+4 \\ -2+2b \end{bmatrix}, \lambda_0 p = \begin{bmatrix} \lambda_0 \\ 2\lambda_0 \\ 2\lambda_0 \end{bmatrix}$$

得 $1 = \lambda_0$, $a+4 = 2\lambda_0$, $-2+2b = 2\lambda_0$

故 $\lambda_0 = 1$, $a = -2$, $b = 2$。

解特征方程

$$|\boldsymbol{A}-\lambda\boldsymbol{E}|=\begin{vmatrix}1-\lambda & 1 & -1\\ -2 & 4-\lambda & -2\\ -2 & 2 & -\lambda\end{vmatrix}=(1-\lambda)(\lambda-2)^2=0$$

得特征值 $\lambda_1=1,\lambda_2=\lambda_3=2$。

对于 $\lambda_1=1, R(\boldsymbol{A}-\boldsymbol{E})=2=3-1$。

对于 $\lambda_2=\lambda_3=2, R(\boldsymbol{A}-\boldsymbol{E})=1=3-2$。

所以 $\boldsymbol{A}$ 可以对角化。

6. $f=x_1^2+4x_1(x_2-x_3)+5x_2^2+5x_3^2-8x_2x_3$

$=(x_1+2x_2-2x_3)^2-(2x_2-2x_3)^2+5x_2^2+5x_3^2-8x_2x_3$

$=(x_1+2x_2-2x_3)^2+x_2^2+x_3^2$

令 $\begin{cases}y_1=x_1+2x_2-2x_3\\ y_2=x_2\\ y_3=x_3\end{cases}$ 即 $\begin{cases}x_1=y_1-2y_2+2y_3\\ x_2=y_2\\ x_3=y_3\end{cases}$

化为标准形 $f=y_1^2+y_2^2+y_3^2$

所用变换矩阵为

$$C=\begin{pmatrix}1 & -2 & 2\\ 0 & 1 & 0\\ 0 & 0 & 1\end{pmatrix}$$

(二) B卷解答

1.

(1)	(2)
D	B

2. (1) 0。 (2) 16，$\sqrt{63}$。

3. 解特征方程 $|\boldsymbol{A}-\lambda\boldsymbol{E}|=-(\lambda+1)^2(\lambda-5)=0$，得 $\boldsymbol{A}$ 的特征值为 $\lambda_1=\lambda_2=-1,\lambda_3=5$。

当 $\lambda_1=\lambda_2=-1$ 时，解齐次线性方程组 $(\boldsymbol{A}+\boldsymbol{E})\boldsymbol{X}=\boldsymbol{O}$，得一个基础解系 $\boldsymbol{p}_1=(-1,1,0)^{\mathrm{T}}$，$\boldsymbol{p}_2=(-1,0,1)^{\mathrm{T}}$。所以 $\boldsymbol{A}$ 的属于 $\lambda_1=\lambda_2=-1$ 的全部特征向量是 $c_1\boldsymbol{p}_1+c_2\boldsymbol{p}_2$。其中 c_1,c_2 为不同时为零的任意常数。

当 $\lambda_3=5$ 时，解齐次线性方程组 $(\boldsymbol{A}-5\boldsymbol{E})\boldsymbol{X}=0$，得一个基础解系 $\boldsymbol{p}_3=(1,1,$

$1)^{\mathrm{T}}$，所以 $\boldsymbol{A}$ 的属于 $\lambda_3=5$ 的全部特征向量是 $c_3\boldsymbol{p}_3$，其中 c_3 为非零的任意常数。

4. 解特征方程 $|\boldsymbol{A}-\lambda\boldsymbol{E}|=-(\lambda-10)(\lambda-1)^2=0$，得 $\boldsymbol{A}$ 的特征值是 $\lambda_1=\lambda_2=1$，$\lambda_3=10$。

当 $\lambda_1=\lambda_2=1$ 时，解齐次线性方程组 $(\boldsymbol{A}-\boldsymbol{E})\boldsymbol{X}=\boldsymbol{O}$，得一个基础解系 $\boldsymbol{p}_1=(-2,1,0)^{\mathrm{T}}$，$\boldsymbol{p}_2=(2,0,1)^{\mathrm{T}}$。

将 $\boldsymbol{p}_1$，$\boldsymbol{p}_2$ 正交化，再单位化，得

$$\boldsymbol{\varepsilon}_1=\begin{pmatrix}-\frac{2\sqrt{5}}{5}\\ \frac{\sqrt{5}}{5}\\ 0\end{pmatrix},\ \boldsymbol{\varepsilon}_2=\begin{pmatrix}\frac{2\sqrt{5}}{15}\\ \frac{4\sqrt{5}}{15}\\ \frac{\sqrt{5}}{3}\end{pmatrix}$$

当 $\lambda_3=10$ 时，解齐次线性方程组 $(\boldsymbol{A}-10\boldsymbol{E})\boldsymbol{X}=\boldsymbol{O}$，得一个基础解系 $\boldsymbol{p}_3=(-1,-2,2)^{\mathrm{T}}$。

将 $\boldsymbol{p}_3$ 单位化，得

$$\boldsymbol{\varepsilon}_3=\frac{\boldsymbol{p}_3}{\|\boldsymbol{p}_3\|}=\left(-\frac{1}{3},-\frac{2}{3},\frac{2}{3}\right)^{\mathrm{T}}$$

所以正交相似变化矩阵 P 为

$$P=(\boldsymbol{\varepsilon}_1,\boldsymbol{\varepsilon}_2,\boldsymbol{\varepsilon}_3)^{\mathrm{T}}=\begin{pmatrix}-\frac{2\sqrt{5}}{5} & \frac{2\sqrt{5}}{15} & -\frac{1}{3}\\ \frac{\sqrt{5}}{5} & \frac{4\sqrt{5}}{15} & -\frac{2}{3}\\ 0 & \frac{\sqrt{5}}{3} & \frac{2}{3}\end{pmatrix}$$

使 $\boldsymbol{A}$ 对角化。

5. 设 n 阶实对称矩阵 $\boldsymbol{A}$ 与 $\boldsymbol{B}$ 有相同的特征值 $\lambda_1,\lambda_2,\cdots,\lambda_n$。根据实对称矩阵必可对角化定理，存在正交矩阵 P，Q，使

$$P^{-1}\boldsymbol{A}P=\begin{pmatrix}\lambda_1 & & & \\ & \lambda_2 & & \\ & & \ddots & \\ & & & \lambda_n\end{pmatrix}\text{及}\ Q^{-1}\boldsymbol{A}Q=\begin{pmatrix}\lambda_1 & & & \\ & \lambda_2 & & \\ & & \ddots & \\ & & & \lambda_n\end{pmatrix}$$

所以 $P^{-1}\boldsymbol{A}P = Q^{-1}\boldsymbol{B}Q$，$QP^{-1}\boldsymbol{A}PQ^{-1} = \boldsymbol{B}$

即
$$(PQ^{-1})^{-1}\boldsymbol{A}(PQ^{-1}) = \boldsymbol{B}$$

令 $R = PQ^{-1}$，R 为可逆矩阵，从而

$$\boldsymbol{A} \sim \boldsymbol{B}$$

6. **解**　f 的二次型矩阵 $\boldsymbol{A}$ 为

$$\boldsymbol{A} = \begin{pmatrix} 1 & 1 & -1 \\ 1 & \lambda & 2 \\ -1 & 2 & \lambda \end{pmatrix}$$

$\boldsymbol{A}$ 的各阶顺序主子式为

$$|1| = 1,\ \begin{vmatrix} 1 & 1 \\ 1 & \lambda \end{vmatrix} = \lambda - 1,\ |\boldsymbol{A}| = (\lambda - 4)(\lambda + 2)$$

所以 $\lambda - 1 > 0$ 且 $(\lambda - 4)(\lambda + 2) > 0$ 时，f 为正定二次型。

即 $\lambda > 4$ 时，f 是正定二次型。

第六章　线性代数模拟试题及其解答

第一节　线性代数模拟试题

一、A　卷

1. 选择题。

(1) 设 $\begin{vmatrix} a_1 & b_1 & c_1 \\ a_2 & b_2 & c_2 \\ a_3 & b_3 & c_3 \end{vmatrix}=5$,则 $\begin{vmatrix} a_1 & b_1 & c_1 \\ -2a_2 & -2b_2 & -2c_2 \\ a_3 & b_3 & c_3 \end{vmatrix}=$(　　)。

A. 40　　B. 10　　C. -40　　D. -10

(2) 设 $\boldsymbol{A}$ 为 n 阶方阵,$|\boldsymbol{A}|=0$ 是齐次线性方程 $\boldsymbol{AX}=0$ 有非零解的(　　)。

A. 必要条件　　B. 充分条件　　C. 充要条件　　D. 无关条件

(3) 设 $\boldsymbol{A}$ 为 n 阶方阵,$\boldsymbol{A}^*$ 为 $\boldsymbol{A}$ 的伴随矩阵,且 $|\boldsymbol{A}|=2$,则 $|\boldsymbol{A}^*|=$(　　)。

A. 2^{n-1}　　B. 2^n　　C. 1　　D. 2

(4) 向量组 $\boldsymbol{\alpha}_1=(3,1,a)^{\mathrm{T}}$, $\boldsymbol{\alpha}_2=(4,a,0)^{\mathrm{T}}$, $\boldsymbol{\alpha}_3=(1,0,a)^{\mathrm{T}}$ 线性无关,则(　　)。

A. $a=0$ 或 2　　B. $a\neq1$ 且 $a\neq-2$

C. $a=1$ 或 -2　　D. $a\neq0$ 且 $a\neq2$

(5) 二次型 $f(x_1,x_2,x_3)=5x_1^2+5x_2^2+ax_3^2-2x_1x_2+6x_1x_2-6x_2x_3$ 的秩为2,则 $a=$(　　)。

A. 4　　B. 3　　C. 2　　D. 1

2. 填空题。

(1) 设 $\boldsymbol{A}=\begin{pmatrix} a & 0 & 1 \\ 0 & b & 0 \\ 0 & 0 & a \end{pmatrix}$,$\boldsymbol{A}^n=$ ________;当 $ab\neq0$ 时,$\boldsymbol{A}^{-1}=$ ________。

(2) 设$\boldsymbol{A}=\begin{pmatrix}1&2&1\\2&1&2\end{pmatrix}$，$\boldsymbol{B}=\begin{pmatrix}1&0\\-1&1\\2&-1\end{pmatrix}$，且$(3\boldsymbol{A}-\boldsymbol{X})+2(\boldsymbol{B}^{\mathrm{T}}-\boldsymbol{X})=\boldsymbol{O}$，则$\boldsymbol{X}=$ ________。

(3) $a=$ ________，$b=$ ________时，线性方程组

$$\begin{cases}x_1+x_2+x_3+x_4+x_5=1\\3x_1+2x_2+x_3+x_4-3x_5=a\\x_2+2x_3+2x_4+6x_5=3\\5x_1+4x_2+3x_3+3x_4-x_5=b\end{cases}$$

有解。

(4) 向量组$\boldsymbol{\alpha}_1=(1,1,0,1)^{\mathrm{T}}$，$\boldsymbol{\alpha}_2=(-3,1,-1,2)^{\mathrm{T}}$，$\boldsymbol{\alpha}_3=(5,1,1,0)^{\mathrm{T}}$的一个极大无关组是________。

(5) 设n阶方阵$\boldsymbol{A}$能对角化，λ_0为方阵$\boldsymbol{A}$的r重特征值，则齐次线性方程组$(\boldsymbol{A}-\lambda_0\boldsymbol{E})\boldsymbol{X}=0$的系数矩阵的秩$R(\boldsymbol{A}-\lambda_0\boldsymbol{E})=$ ________。

3. 计算行列式D。

(1) $D=\begin{vmatrix}1&4&1&-1\\2&-1&0&1\\1&6&2&1\\0&2&3&2\end{vmatrix}$　(2) $D=\begin{vmatrix}x&y&0&\cdots&0&0\\0&x&y&\cdots&0&0\\\cdots&\cdots&\cdots&\cdots&\cdots&\cdots\\0&0&0&\cdots&x&y\\y&0&0&\cdots&0&x\end{vmatrix}$

4. 设$\boldsymbol{A}=\begin{pmatrix}-1&-4&1&1\\0&a&-3&3\\1&3&a+1&0\end{pmatrix}$，其中$a$为参数，求$R(\boldsymbol{A})$。

5. 求线性方程组的通解。

(1) $\begin{cases}x_1+3x_2-4x_3+2x_4=0\\3x_1-x_2+2x_3-x_4=0\\-2x_1+4x_2-x_3+3x_4=0\\3x_1+9x_2-7x_3+6x_4=0\end{cases}$　(2) $\begin{cases}x_1-2x_2+x_3-x_4=-1\\2x_1-3x_2-x_3-3x_4=1\\x_1-3x_2+4x_3-5x_4=1\end{cases}$

6. 设$\boldsymbol{\beta}=\begin{pmatrix}2\\0\\4\end{pmatrix}$，$\boldsymbol{\alpha}_1=\begin{pmatrix}3\\1\\2\end{pmatrix}$，$\boldsymbol{\alpha}_2=\begin{pmatrix}1\\2\\3\end{pmatrix}$，$\boldsymbol{\alpha}_3=\begin{pmatrix}2\\1\\3\end{pmatrix}$。试判断$\boldsymbol{\beta}$是否为$\boldsymbol{\alpha}_1,\boldsymbol{\alpha}_2,\boldsymbol{\alpha}_3$的

线性组合。

7. 用配方法将二次型 $f(x_1, x_2, x_3) = x_1^2 - 2x_2^2 + x_3^2 - 2x_1x_2 + 4x_2x_3$ 化为标准形。

8. 设方阵 $\boldsymbol{A}$ 满足 $\boldsymbol{A} = \frac{1}{2}(\boldsymbol{B} + \boldsymbol{E})$，且 $\boldsymbol{A}^2 = \boldsymbol{A}$，证明 $\boldsymbol{B}$ 是可逆矩阵，且 $\boldsymbol{B}^{-1} = \boldsymbol{B}$。

9. 设向量组 $\boldsymbol{\alpha}_1, \boldsymbol{\alpha}_2, \boldsymbol{\alpha}_3, \boldsymbol{\alpha}_4$ 线性相关，且其中任意三个向量都线性无关，证明：必存在一组全不为零的数 k_1, k_2, k_3, k_4，使

$$k_1\boldsymbol{\alpha}_1 + k_2\boldsymbol{\alpha}_2 + k_3\boldsymbol{\alpha}_3 + k_4\boldsymbol{\alpha}_4 = \boldsymbol{O}$$

二、B　卷

1. 选择题。

(1) 已知 $f(x) = \begin{vmatrix} 2 & x & -5 & 3 \\ 1 & 2 & 3 & 4 \\ -1 & 0 & -2 & -3 \\ -1 & 7 & -2 & -2 \end{vmatrix}$ 是关于 x 的一次多项式，则该式中 x 的一次项的系数是（　　）。

A. -2　　B. -1　　C. 2　　D. 1

(2) 设 $\boldsymbol{A}, \boldsymbol{B}, \boldsymbol{C}$ 为 n 阶方阵，且 $\boldsymbol{ABC} = \boldsymbol{E}$，则（　　）。

A. $\boldsymbol{ACB} = \boldsymbol{E}$　　B. $\boldsymbol{CBA} = \boldsymbol{E}$　　C. $\boldsymbol{BAC} = \boldsymbol{E}$　　D. $\boldsymbol{BCA} = \boldsymbol{E}$

(3) 设 $\boldsymbol{A}, \boldsymbol{B}$ 为 n 阶可逆矩阵，$\boldsymbol{O}$ 为 n 阶零矩阵，则 $\begin{pmatrix} \boldsymbol{O} & \boldsymbol{A} \\ \boldsymbol{B} & \boldsymbol{O} \end{pmatrix}^{-1} =$（　　）。

A. $\begin{pmatrix} \boldsymbol{O} & \boldsymbol{A}^{-1} \\ \boldsymbol{B}^{-1} & \boldsymbol{O} \end{pmatrix}$　　B. $\begin{pmatrix} \boldsymbol{O} & \boldsymbol{B}^{-1} \\ \boldsymbol{A}^{-1} & \boldsymbol{O} \end{pmatrix}$

C. $\begin{pmatrix} \boldsymbol{O} & -\boldsymbol{B}^{-1} \\ -\boldsymbol{A}^{-1} & \boldsymbol{O} \end{pmatrix}$　　D. $\begin{pmatrix} \boldsymbol{A}^{-1} & \boldsymbol{O} \\ \boldsymbol{O} & \boldsymbol{B}^{-1} \end{pmatrix}$

(4) 如果非齐次线性方程组 $\begin{cases} x + 2x_2 - x_3 = 4 \\ x_2 + 2x_3 = 2 \\ (\lambda - 1)(\lambda - 2)x_3 = (\lambda - 3)(\lambda - 4) \end{cases}$ 无解，则 $\lambda =$（　　）。

A. 1 或 2　　B. 3 或 4　　C. 1 或 3　　D. 2 或 4

(5) 已知向量组 $\boldsymbol{\alpha}_1=(1,2,-1,1)^{\mathrm{T}}$，$\boldsymbol{\alpha}_2=(2,0,t,0)^{\mathrm{T}}$，$\boldsymbol{\alpha}_3=(0,-4,5,-2)^{\mathrm{T}}$ 的秩为 2,则 $t=$（　　）。

A. 2　　B. -2　　C. 3　　D. -3

2. 填空题。

(1) $\boldsymbol{A}=\begin{pmatrix}6&0&8&a\\5&-1&0&0\\0&2&0&0\\1&4&4&1\end{pmatrix}$，$\boldsymbol{A}$ 可逆的充分必要条件是 a 满足________。

(2) 含有 n 个未知量、m 个方程的线性方程组 $\boldsymbol{AX}=\boldsymbol{b}$,若________,则 $\boldsymbol{AX}=\boldsymbol{b}$ 有无穷多解。

(3) 设 $\boldsymbol{A}=\begin{pmatrix}1&2&3\\-2&1&2\end{pmatrix}$，$\boldsymbol{B}=\begin{pmatrix}1&2&0\\0&1&1\\3&0&-1\end{pmatrix}$，$\boldsymbol{C}=\begin{pmatrix}2&1&0\\-1&1&-1\end{pmatrix}$,则 $\boldsymbol{D}=\boldsymbol{AB}-2\boldsymbol{C}=$________，$R(D)=$________。

(4) 二次型 $f=\boldsymbol{X}^{\mathrm{T}}\boldsymbol{AX}$ 进过线性变换 $\boldsymbol{X}=\boldsymbol{C}Y$ 化为 $f=Y^{\mathrm{T}}\boldsymbol{B}Y$,则 $\boldsymbol{B}=$________。

(5) 设方阵 $\boldsymbol{A}$ 与方阵 $\boldsymbol{B}$ 相似,关于 $\boldsymbol{A}^n$ 与 $\boldsymbol{B}^n$ 是否相似的结论是________。

3. 计算行列式(1) $\begin{vmatrix}1&1&1&1\\1&2&3&4\\1&3&6&10\\1&4&10&20\end{vmatrix}$　(2) $D=\begin{vmatrix}a_1&0&\cdots&0&c\\0&a_1&\cdots&0&0\\\cdots&\cdots&\cdots&\cdots&\cdots\\0&0&&a_{n-1}&0\\b&0&\cdots&0&a_n\end{vmatrix}$

4. 解矩阵方程

$$\boldsymbol{X}\begin{pmatrix}1&2&3\\2&2&1\\3&4&3\end{pmatrix}=\begin{pmatrix}1&2&0\\1&-2&3\end{pmatrix}$$

5. 线性方程组 $\begin{cases}x_1+x_2+x_3+x_4=1\\3x_1+2x_2+x_3+x_4=3\\x_2+3x_3+2x_4=0\\5x_1+4x_2+3x_3+bx_4=a\end{cases}$

试问当 a, b 为何值时,(1) 有唯一解。(2) 无解。(3) 有无穷多解,并求其通解。

6. 判断向量组 $\boldsymbol{\alpha}_1=(2,2,0,1)^{\mathrm{T}}$, $\boldsymbol{\alpha}_2=(-1,2,1,3)^{\mathrm{T}}$, $\boldsymbol{\alpha}_3=(1,2,2,0)^{\mathrm{T}}$ 是否线性无关。

7. 求一个正交的相似变换矩阵 P,将实对称矩阵 $\boldsymbol{A}=\begin{pmatrix}3&1&1\\1&2&0\\1&0&2\end{pmatrix}$ 化为对角阵。

8. 设向量组 $\boldsymbol{\alpha}_1, \boldsymbol{\alpha}_2, \boldsymbol{\alpha}_3, \cdots, \boldsymbol{\alpha}_m$ 线性无关,且向量 $\boldsymbol{\beta}$ 能由向量组 $\boldsymbol{\alpha}_1, \boldsymbol{\alpha}_2, \cdots, \boldsymbol{\alpha}_m$ 线性表示,证明:该线性表示是唯一的。

9. 设 $\boldsymbol{\eta}$ 是非齐次线性方程组 $\boldsymbol{AX}=\boldsymbol{B}$ 的一个解,$R(\boldsymbol{A})=r$, $\boldsymbol{\xi}_1, \boldsymbol{\xi}_2, \cdots, \boldsymbol{\xi}_{n-r}$ 是对应的齐次线性方程组 $\boldsymbol{AX}=\boldsymbol{O}$ 的一个基础解系,证明:向量组 $\boldsymbol{\eta}, \boldsymbol{\xi}_1, \boldsymbol{\xi}_2, \cdots, \boldsymbol{\xi}_{n-r}$ 线性无关。

第二节　线性代数模拟试题解答

一、A 卷 解 答

1. 选择题。

(1)	(2)	(3)	(4)	(5)
D	C	A	D	B

(3) **解**　$\boldsymbol{AA}^{-1}=\boldsymbol{E}$,所以 $|\boldsymbol{A}|\cdot|\boldsymbol{A}^{-1}|=1$,因此 $|\boldsymbol{A}^{-1}|=\dfrac{1}{2}$。

又 $\boldsymbol{A}^{-1}=\dfrac{1}{|\boldsymbol{A}|}\boldsymbol{A}^*$,所以 $\boldsymbol{A}^*=|\boldsymbol{A}|\boldsymbol{A}^{-1}$,因此

$|\boldsymbol{A}^*|=||\boldsymbol{A}|\boldsymbol{A}^{-1}|=|\boldsymbol{A}|^n|\boldsymbol{A}^{-1}|=2^{n-1}$,故应选 A。

(4) **解**　由向量 $\boldsymbol{\alpha}_1, \boldsymbol{\alpha}_2, \boldsymbol{\alpha}_3$ 构建矩阵 $\boldsymbol{A}=(\boldsymbol{\alpha}_1, \boldsymbol{\alpha}_2, \boldsymbol{\alpha}_3)$,得

$$|\boldsymbol{A}|=\begin{vmatrix}3&4&1\\1&a&0\\a&0&a\end{vmatrix}=2a(a-2)$$

因为向量组 $\boldsymbol{\alpha}_1, \boldsymbol{\alpha}_2, \boldsymbol{\alpha}_3$ 线性无关,所以 $R(\boldsymbol{A})=3$,得 $|\boldsymbol{A}|\neq 0$,从而 $a\neq 0$ 且 $a\neq 2$,故应选 D。

(5) **解** 二次型矩阵 $\boldsymbol{A}=\begin{pmatrix}5&-1&3\\-1&5&-3\\3&-3&a\end{pmatrix}$，所以 $R(\boldsymbol{A})=2$。从而

$|\boldsymbol{A}|=25a+9+9-45-45-a=0$，得 $a=3$。

又 $\begin{vmatrix}5&-1\\-1&5\end{vmatrix}=24\neq 0$，所以 $a=3$ 时 $R(\boldsymbol{A})=2$，故选 B。

2. 填空题。

(1) $\boldsymbol{A}^n=\begin{pmatrix}a^n&0&na^{n-1}\\0&b^n&0\\0&0&a^n\end{pmatrix}$，$\boldsymbol{A}^{-1}=\begin{pmatrix}\frac{1}{a}&0&-\frac{1}{a^2}\\0&\frac{1}{b}&0\\0&0&\frac{1}{a}\end{pmatrix}$

(2) $\boldsymbol{X}=\frac{1}{3}(3\boldsymbol{A}-2\boldsymbol{B}^{\mathrm{T}})=\begin{pmatrix}\frac{1}{3}&\frac{8}{3}&-\frac{1}{3}\\2&\frac{1}{3}&\frac{8}{3}\end{pmatrix}$

(3) 对增广矩阵 $\tilde{\boldsymbol{A}}$ 施行初等行变换。

$$\tilde{\boldsymbol{A}}=\begin{pmatrix}1&1&1&1&1&1\\3&2&1&1&-3&a\\0&1&2&2&6&3\\5&4&3&3&-1&b\end{pmatrix}\xrightarrow[r_4-5r_1]{r_2-3r_1}\begin{pmatrix}1&1&1&1&1&1\\0&-1&-2&-2&-6&a-3\\0&1&2&2&6&3\\0&-1&-2&-2&-6&b-5\end{pmatrix}$$

$$\xrightarrow{r_2\leftrightarrow r_3}\begin{pmatrix}1&1&1&1&1&1\\0&1&2&2&6&3\\0&-1&-2&-2&-6&a-3\\0&-1&-2&-2&-6&b-5\end{pmatrix}\xrightarrow[r_4+r_2]{r_3+r_2}\begin{pmatrix}1&1&1&1&1&1\\0&1&2&2&6&3\\0&0&0&0&0&a\\0&0&0&0&0&b-2\end{pmatrix}$$

所以 $a=0$，$b=2$ 时 $R(\tilde{\boldsymbol{A}})=R(\boldsymbol{A})=2$，此时方程组有解。

(4) 由 $\boldsymbol{\alpha}_1$，$\boldsymbol{\alpha}_2$，$\boldsymbol{\alpha}_3$ 构建矩阵，并施行初等行变换，得

$$\boldsymbol{A}=\begin{pmatrix}1&-3&5\\1&1&1\\0&-1&1\\1&2&0\end{pmatrix}\xrightarrow[r_4-r_1]{r_2-r_1}\begin{pmatrix}1&-3&5\\0&4&-4\\0&-1&1\\0&5&-5\end{pmatrix}\xrightarrow[r_4-\frac{5}{4}r_2]{r_3+\frac{1}{4}r_2}\begin{pmatrix}1&-3&5\\0&4&-4\\0&0&0\\0&0&0\end{pmatrix}$$

因为 $R(\boldsymbol{A})=2$，所以向量组的秩为 2，$\boldsymbol{\alpha}_1$，$\boldsymbol{\alpha}_2$ 是一个极大无关组。

(5) $n-r$

3. **解** (1) $D\xrightarrow[r_3-r_1]{r_2-2r_1}\begin{vmatrix}1&4&1&-1\\0&-9&-2&3\\0&2&1&2\\0&2&3&2\end{vmatrix}=\begin{vmatrix}-9&-2&3\\2&1&2\\2&3&2\end{vmatrix}$

$$\xlongequal{C_1-C_3}\begin{vmatrix}-12&-2&3\\0&1&2\\0&3&2\end{vmatrix}=48$$

(2) $D\xlongequal{C(1)}x\begin{vmatrix}x&y&0&\cdots&0&0\\0&x&y&\cdots&0&0\\\cdots&\cdots&\cdots&\cdots&\cdots&\cdots\\0&0&0&\cdots&x&y\\0&0&0&\cdots&0&x\end{vmatrix}+(-1)^{1+n}y\begin{vmatrix}y&0&\cdots&0&0\\x&y&\cdots&0&0\\\cdots&\cdots&\cdots&\cdots&\cdots\\0&0&\cdots&y&0\\0&0&\cdots&x&y\end{vmatrix}$

$$=x^n+(-1)^{n+1}y^n$$

4. **解**

$$\boldsymbol{A}\xrightarrow{r_3+r_1}\begin{pmatrix}-1&-4&1&1\\0&a&-3&3\\0&-1&a+2&1\end{pmatrix}\xrightarrow[r_3+a\,r_2]{r_2\leftrightarrow r_3}\begin{pmatrix}-1&-4&1&1\\0&-1&a+2&1\\0&0&a^2+2a-3&3+a\end{pmatrix}$$

当 $a^2+2a-3\neq 0$，即 $a\neq -3$ 且 $a\neq 1$ 时，$R(\boldsymbol{A})=3$；当 $a=1$ 时，$a^2+2a-3=0$，$3+a\neq 0$，所以 $R(\boldsymbol{A})=3$；当 $a=-3$ 时，$R(\boldsymbol{A})=2$。

总之，$a\neq -3$ 时，$R(\boldsymbol{A})=3$；当 $a=-3$ 时，$R(\boldsymbol{A})=2$。

5. **解** (1) 对系数矩阵 $\boldsymbol{A}$ 施以初等行变换，

$$\boldsymbol{A}=\begin{pmatrix}1&3&-4&2\\3&-1&2&-1\\-2&4&-1&3\\3&9&-7&6\end{pmatrix}\longrightarrow\begin{pmatrix}1&0&0&-\frac{1}{10}\\0&1&0&\frac{7}{10}\\0&0&1&0\\0&0&0&0\end{pmatrix}$$

所以方程组的一个基础解系为 $\boldsymbol{\xi}=\left(\frac{1}{10},-\frac{7}{10},0,1\right)^{\mathrm{T}}$，通解为

$$\boldsymbol{X} = c\,\boldsymbol{\xi}(c\text{ 取任意实数})$$

(2) 对增广矩阵 $\tilde{\boldsymbol{A}}$ 施行初等行变换,得

$$\tilde{\boldsymbol{A}} = \begin{pmatrix} 1 & -2 & 1 & -1 & -1 \\ 2 & -3 & -1 & -3 & 1 \\ 1 & -3 & 4 & -5 & 1 \end{pmatrix} \longrightarrow \begin{pmatrix} 1 & 0 & -5 & 0 & 2 \\ 0 & 1 & -3 & 0 & 2 \\ 0 & 0 & 0 & 1 & -1 \end{pmatrix}$$

通解为 $\begin{pmatrix} x_1 \\ x_2 \\ x_3 \\ x_4 \end{pmatrix} = \boldsymbol{c}\begin{pmatrix} 5 \\ 3 \\ 1 \\ 0 \end{pmatrix} + \begin{pmatrix} 2 \\ 2 \\ 0 \\ -1 \end{pmatrix}$,($c$ 取任意实数)

6. **解** 设有数 k_1, k_2, k_3,使 $k_1\boldsymbol{\alpha}_1 + k_2\boldsymbol{\alpha}_2 + k_3\boldsymbol{\alpha}_3 = \boldsymbol{\beta}$,对其增广矩阵 $\tilde{\boldsymbol{A}}$ 施以初变行变换,得

$$\tilde{\boldsymbol{A}} = \begin{pmatrix} 3 & 1 & 2 & 2 \\ 1 & 2 & 1 & 0 \\ 2 & 3 & 3 & 4 \end{pmatrix} \xrightarrow{r_1 \leftrightarrow r_2} \begin{pmatrix} 1 & 2 & 1 & 0 \\ 3 & 1 & 2 & 2 \\ 2 & 3 & 3 & 4 \end{pmatrix} \xrightarrow[r_3 - 2r_1]{r_2 - 3r_1} \begin{pmatrix} 1 & 2 & 1 & 0 \\ 0 & -5 & -1 & 2 \\ 0 & -1 & 1 & 4 \end{pmatrix}$$

$$\xrightarrow{r_2 \leftrightarrow r_3} \begin{pmatrix} 1 & 2 & 1 & 0 \\ 0 & -1 & 1 & 4 \\ 0 & -5 & -1 & 2 \end{pmatrix} \xrightarrow{r_3 - 5r_2} \begin{pmatrix} 1 & 2 & 1 & 0 \\ 0 & -1 & 1 & 4 \\ 0 & 0 & -6 & -18 \end{pmatrix}$$

所以 $R(\boldsymbol{A}) = R(\tilde{\boldsymbol{A}}) = 3$,方程组有解,从而 $\boldsymbol{\beta}$ 是 $\boldsymbol{\alpha}_1, \boldsymbol{\alpha}_2, \boldsymbol{\alpha}_3$ 的线性组合。

7. **解**
$$\begin{aligned} f(x_1, x_2, x_3) &= (x_1 - x_2)^2 - 3x_2^2 + x_3^2 + 4x_2x_3 \\ &= (x_1 - x_2)^2 + (2x_2 + x_3)^2 - 7x_2^2 \end{aligned}$$

令 $\begin{cases} y_1 = x_1 - x_2 \\ y_2 = 2x_2 + x_3 \\ y_3 = x_2 \end{cases}$

所以 $f(x_1, x_2, x_3) = y_1^2 + y_2^2 - 7y_3^2$

所用的非退化线性变换是

$$\begin{cases} x_1 = y_1 + y_3 \\ x_2 = y_3 \\ x_3 = y_2 - 2y_3 \end{cases}$$

8. **证明** $\boldsymbol{A}^2=[\frac{1}{2}(\boldsymbol{B}+\boldsymbol{E})]^2=\frac{1}{4}(\boldsymbol{B}^2+2\boldsymbol{B}+\boldsymbol{E})$

因为$\boldsymbol{A}^2=\boldsymbol{A}$,所以

$$\frac{1}{4}(\boldsymbol{B}^2+2\boldsymbol{B}+\boldsymbol{E})=\frac{1}{2}(\boldsymbol{B}+\boldsymbol{E})$$

得　$\boldsymbol{B}^2=\boldsymbol{E}$,　即　$\boldsymbol{BB}=\boldsymbol{E}$

所以$\boldsymbol{B}$是可逆矩阵,且$\boldsymbol{B}^{-1}=\boldsymbol{B}$。

9. **证明** 因为向量组$\boldsymbol{\alpha}_1,\boldsymbol{\alpha}_2,\boldsymbol{\alpha}_3,\boldsymbol{\alpha}_4$线性相关,所以存在一组不全为零的数$k_1,k_2,k_3,k_4$使

$$k_1\boldsymbol{\alpha}_1+k_2\boldsymbol{\alpha}_2+k_3\boldsymbol{\alpha}_3+k_4\boldsymbol{\alpha}_4=\boldsymbol{O}$$

如果$k_1=0$,得

$$k_2\boldsymbol{\alpha}_2+k_3\boldsymbol{\alpha}_3+k_4\boldsymbol{\alpha}_4=0$$

由于$\boldsymbol{\alpha}_2,\boldsymbol{\alpha}_3,\boldsymbol{\alpha}_4$线性无关,得$k_2=k_3=k_4=0$,于是矛盾于$k_1,k_2,k_3,k_4$为不全为零的一组数,从而$k_1\neq 0$。

因理可证$k_2\neq 0, k_3\neq 0, k_4\neq 0$。

则存在一组全不为零的数k_1,k_2,k_3,k_4,使

$$k_1\boldsymbol{\alpha}_1+k_2\boldsymbol{\alpha}_2+k_3\boldsymbol{\alpha}_3+k_4\boldsymbol{\alpha}_4=0$$

二、B 卷解答

1. 选择题。

(1)	(2)	(3)	(4)	(5)
B	D	B	A	C

(1) **解** $f(x)=2\boldsymbol{A}_{11}+x\boldsymbol{A}_{12}+(-5)\boldsymbol{A}_{13}+3\boldsymbol{A}_{14}$,

x项的系数是$\boldsymbol{A}_{12}$,而

$$\boldsymbol{A}_{12}=(-1)^{1+2}\begin{vmatrix}1&3&4\\-1&-2&-3\\-1&-2&-2\end{vmatrix}\xlongequal[r_2+r_1]{r_3-r_2}-\begin{vmatrix}1&3&4\\0&1&1\\0&0&1\end{vmatrix}=-1,\text{故选 B。}$$

(2) **解** 由$\boldsymbol{ABC}=\boldsymbol{E}$,得$(\boldsymbol{BC})^{-1}=\boldsymbol{A}$,从而$(\boldsymbol{BC})^{-1}=\boldsymbol{C}^{-1}\boldsymbol{B}^{-1}=\boldsymbol{A}$

所以$BCA = BC(C^{-1}B^{-1}) = B(CC^{-1})B^{-1} = E$,故选D。

(5) **解** 由向量组构作矩阵$A = (\alpha_1, \alpha_2, \alpha_3)$,对$A$施以初等行变换,得

$$A = \begin{pmatrix} 1 & 2 & 0 \\ 2 & 0 & -4 \\ -1 & t & 5 \\ 1 & 0 & -2 \end{pmatrix} \xrightarrow{r_2 \leftrightarrow r_4} \begin{pmatrix} 1 & 2 & 0 \\ 1 & 0 & -2 \\ -1 & t & 5 \\ 2 & 0 & -4 \end{pmatrix} \xrightarrow[r_3+r_2]{r_4-2r_2} \begin{pmatrix} 1 & 2 & 0 \\ 1 & 0 & -2 \\ 0 & t & 3 \\ 0 & 0 & 0 \end{pmatrix}$$

$$\xrightarrow{r_2-r_1} \begin{pmatrix} 1 & 2 & 0 \\ 0 & -2 & -2 \\ 0 & t & 3 \\ 0 & 0 & 0 \end{pmatrix}$$

由$R(A) = 2$,得$\begin{vmatrix} 1 & 2 & 0 \\ 0 & -2 & -2 \\ 0 & t & 3 \end{vmatrix} = 0$,故$t = 3$。

2. 填空题。

(1) $|A| \overset{r(3)}{=\!=} 2 \times (-1)^{3+2} \begin{vmatrix} 6 & 8 & a \\ 5 & 0 & 0 \\ 1 & 4 & 1 \end{vmatrix} = 10(8-4a) \neq 0$,得$a \neq 2$。

(2) $R(A) = R(\tilde{A}) = r < n$

(3) $D = AB - 2C = \begin{pmatrix} 10 & 4 & -1 \\ 4 & -3 & -1 \end{pmatrix} - \begin{pmatrix} 4 & 2 & 0 \\ -2 & 2 & -2 \end{pmatrix} = \begin{pmatrix} 6 & 2 & -1 \\ 6 & -5 & 1 \end{pmatrix}$

$R(D) = 2$

(4) $f = X^{\mathrm{T}}AX = (CY)^{\mathrm{T}}A(CY) = Y^{\mathrm{T}}C^{\mathrm{T}}ACY = Y^{\mathrm{T}}(C^{\mathrm{T}}AC)Y$,填$C^{\mathrm{T}}AC$

(5) **解** 因为$A \sim B$,则存在可逆矩阵P,使$B = P^{-1}AP$,从而

$$B^2 = (P^{-1}AP)(P^{-1}AP) = P^{-1}A^2P$$
$$B^3 = (P^{-1}A^2P)(P^{-1}AP) = P^{-1}A^3P$$

由数学归纳法可得

$$B^n = P^{-1}A^nP, \quad 即 \quad A^n \sim B^n$$

3. **解** (1) $\begin{vmatrix} 1 & 1 & 1 & 1 \\ 1 & 2 & 3 & 4 \\ 1 & 3 & 6 & 10 \\ 1 & 4 & 10 & 20 \end{vmatrix} \overset{\substack{r_2-r_1 \\ r_3-r_1 \\ r_4-r_1}}{=\!=} \begin{vmatrix} 1 & 1 & 1 & 1 \\ 0 & 1 & 2 & 3 \\ 0 & 2 & 5 & 9 \\ 0 & 3 & 9 & 19 \end{vmatrix} \overset{\substack{r_3-2r_2 \\ r_4-3r_2}}{=\!=} \begin{vmatrix} 1 & 1 & 1 & 1 \\ 0 & 1 & 2 & 3 \\ 0 & 0 & 1 & 3 \\ 0 & 0 & 3 & 10 \end{vmatrix}$

$$\xlongequal{r_4-3r_3}\begin{vmatrix}1&1&1&1\\0&1&2&3\\0&0&1&3\\0&0&0&1\end{vmatrix}=1$$

(2) $$D\xlongequal{r(1)}a_1\begin{vmatrix}a_2&0&\cdots&0\\0&a_3&\cdots&0\\\cdots&\cdots&\cdots&\cdots\\0&0&\cdots&a_n\end{vmatrix}+(-1)^{1+n}b\begin{vmatrix}0&a_2&0&\cdots&0&0\\0&0&a_3&\cdots&0&0\\\cdots&\cdots&\cdots&\cdots&\cdots&\cdots\\0&0&0&0&&a_{n-1}\\c&0&0&0&&0\end{vmatrix}$$

$$=a_1a_2\cdots a_n+(-1)^{1+n}bc\cdot(-1)^{1+n-1}\begin{vmatrix}a_2&0&\cdots&0\\0&a_3&\cdots&0\\\cdots&\cdots&\cdots&\cdots\\0&0&\cdots&a_{n-1}\end{vmatrix}$$

$$=a_2a_3\cdots a_{n-1}(a_1a_n-bc)$$

4. **解** $$\begin{pmatrix}1&2&3\\2&2&1\\3&4&3\end{pmatrix}^{-1}=\begin{pmatrix}1&3&-2\\-\frac{3}{2}&-3&\frac{5}{2}\\1&1&-1\end{pmatrix}$$

$$\boldsymbol{X}=\begin{pmatrix}1&2&0\\1&-2&3\end{pmatrix}\begin{pmatrix}1&2&3\\2&2&1\\3&4&3\end{pmatrix}^{-1}=\begin{pmatrix}-2&-3&3\\7&12&-10\end{pmatrix}$$

5. **解** 对增广矩阵 $\tilde{\boldsymbol{A}}$ 施以初等行变换，得

$$\tilde{\boldsymbol{A}}\xrightarrow[r_4-5r_1]{r_2-3r_1}\begin{pmatrix}1&1&1&1&1\\0&-1&-2&-2&0\\0&1&3&2&0\\0&-1&-2&b-5&a-5\end{pmatrix}\xrightarrow[r_4-r_2]{r_3+r_2}\begin{pmatrix}1&1&1&1&1\\0&-1&-2&-2&0\\0&0&1&0&0\\0&0&0&b-3&a-5\end{pmatrix}$$

所以 $b-3\neq 0$，即 $b\neq 3$ 时，$R(\boldsymbol{A})=R(\tilde{\boldsymbol{A}})=4$，此时方程组有唯一解。

当 $b=3$ 时，$R(\boldsymbol{A})=3$，若 $a-5\neq 0$，即 $a\neq 5$ 时，$R(\tilde{\boldsymbol{A}})=4$，此时方程组无解。

当 $b=3$，$a=5$ 时，$R(\tilde{\boldsymbol{A}})=R(\boldsymbol{A})=3$ 有无穷多解，此时

$$\tilde{A} \longrightarrow \begin{pmatrix} 1 & 0 & 0 & -1 & 1 \\ 0 & 1 & 0 & 2 & 0 \\ 0 & 0 & 1 & 0 & 0 \\ 0 & 0 & 0 & 0 & 0 \end{pmatrix}$$

通解为

$$X = \begin{pmatrix} 1 \\ 0 \\ 0 \\ 0 \end{pmatrix} + c\begin{pmatrix} 1 \\ -2 \\ 0 \\ 1 \end{pmatrix} \quad (c\text{ 取任意实数})$$

6. **解**　向量组构建矩阵 $\boldsymbol{A}$,并对 $\boldsymbol{A}$ 施以矩阵初等行变换。

$$\boldsymbol{A} = \begin{pmatrix} 2 & -1 & 1 \\ 2 & 2 & 2 \\ 0 & 1 & 2 \\ 1 & 3 & 0 \end{pmatrix} \xrightarrow{r_1 \leftrightarrow r_4} \begin{pmatrix} 1 & 3 & 0 \\ 2 & 2 & 2 \\ 0 & 1 & 2 \\ 2 & -1 & 1 \end{pmatrix} \xrightarrow[r_4 - 2r_1]{r_2 - 2r_1} \begin{pmatrix} 1 & 3 & 0 \\ 0 & -4 & 2 \\ 0 & 1 & 2 \\ 0 & -7 & 1 \end{pmatrix}$$

$$\xrightarrow{r_2 \leftrightarrow r_3} \begin{pmatrix} 1 & 3 & 0 \\ 0 & 1 & 2 \\ 0 & -4 & 2 \\ 0 & -7 & 1 \end{pmatrix} \xrightarrow[r_4 + 7r_2]{r_3 + 4r_2} \begin{pmatrix} 1 & 3 & 0 \\ 0 & 1 & 2 \\ 0 & 0 & 10 \\ 0 & 0 & 15 \end{pmatrix} \xrightarrow{r_4 - \frac{3}{2}r_3} \begin{pmatrix} 1 & 3 & 0 \\ 0 & 1 & 2 \\ 0 & 0 & 10 \\ 0 & 0 & 0 \end{pmatrix}$$

所以 $R(\boldsymbol{A})=3$,于是向量组线性无关。

7. **解**　解特征方程 $|\boldsymbol{A} - \lambda\boldsymbol{E}| = \begin{vmatrix} 3-\lambda & 1 & 1 \\ 1 & 2-\lambda & 0 \\ 1 & 0 & 2-\lambda \end{vmatrix}$

$$= -(\lambda - 1)(\lambda - 2)(\lambda - 4) = 0$$

得特征值为 $\lambda_1 = 1,\ \lambda_2 = 2,\ \lambda_3 = 4$。

当 $\lambda_1 = 1$ 时,解 $(\boldsymbol{A} - \boldsymbol{E})\boldsymbol{X} = \boldsymbol{0}$,得一个基础解系 $\boldsymbol{\alpha}_1 = \begin{pmatrix} -1 \\ 1 \\ 1 \end{pmatrix}$。

当 $\lambda_2 = 2$ 时,解 $(\boldsymbol{A} - 2\boldsymbol{E})\boldsymbol{X} = \boldsymbol{0}$,得一个基础解系 $\boldsymbol{\alpha}_2 = \begin{pmatrix} 0 \\ -1 \\ 1 \end{pmatrix}$。

当 $\lambda_3=4$ 时,解 $(\boldsymbol{A}-4\boldsymbol{E})\boldsymbol{X}=0$,得一个基础解系 $\boldsymbol{\alpha}_3=\begin{pmatrix}2\\1\\1\end{pmatrix}$。

由于向量组 $\boldsymbol{\alpha}_1,\boldsymbol{\alpha}_2,\boldsymbol{\alpha}_3$ 已正交(为什么?),现将它们单位化,得

$$\boldsymbol{\beta}_1=\begin{pmatrix}-\frac{1}{\sqrt{3}}\\ \frac{1}{\sqrt{3}}\\ \frac{1}{\sqrt{3}}\end{pmatrix},\ \boldsymbol{\beta}_2=\begin{pmatrix}0\\ -\frac{1}{\sqrt{2}}\\ \frac{1}{\sqrt{2}}\end{pmatrix},\ \boldsymbol{\beta}_3=\begin{pmatrix}\frac{2}{\sqrt{6}}\\ \frac{1}{\sqrt{6}}\\ \frac{1}{\sqrt{6}}\end{pmatrix}$$

因此,所求的正交的相似变换矩阵为

$$P=\begin{pmatrix}-\frac{1}{\sqrt{3}} & 0 & \frac{2}{\sqrt{6}}\\ \frac{1}{\sqrt{3}} & -\frac{1}{\sqrt{2}} & \frac{1}{\sqrt{6}}\\ \frac{1}{\sqrt{3}} & \frac{1}{\sqrt{2}} & \frac{1}{\sqrt{6}}\end{pmatrix}$$

使

$$P'\boldsymbol{A}P=\begin{pmatrix}1&0&0\\0&2&0\\0&0&4\end{pmatrix}$$

8. **证明** 设有数 $k_1, k_2, \cdots, k_m; l_1, l_2, \cdots, l_m$,使

$$\boldsymbol{\beta}=k_1\boldsymbol{\alpha}_1+k_2\boldsymbol{\alpha}_2+\cdots+k_m\boldsymbol{\alpha}_m,\text{又}$$
$$\boldsymbol{\beta}=l_1\boldsymbol{\alpha}_1+l_2\boldsymbol{\alpha}_2+\cdots+l_m\boldsymbol{\alpha}_m$$

得 $(k_1-l_1)\boldsymbol{\alpha}_1+(k_2-l_2)\boldsymbol{\alpha}_2+\cdots+(k_m-l_m)\boldsymbol{\alpha}_m=0$

由于向量组 $\boldsymbol{\alpha}_1, \boldsymbol{\alpha}_2, \cdots, \boldsymbol{\alpha}_m$ 线性无关,得

$$k_1-l_1=0,\ k_2-l_2=0,\ \cdots,\ k_m-l_m=0$$

即 $k_1=l_1,\ k_2=l_2,\ \cdots,\ k_m=l_m$

故表达式唯一。

9. **证明** 设有数 $k, k_1, k_2, \cdots, k_{n-r}$,使

$$k\boldsymbol{\eta}+k_1\boldsymbol{\xi}_1+k_2\boldsymbol{\xi}_2+\cdots+k_{n-r}\boldsymbol{\xi}_{n-r}=0$$

如果 $k\neq 0$ 则

$$\boldsymbol{\eta}=-\frac{1}{k}(k_1\boldsymbol{\xi}_1+k_2\boldsymbol{\xi}_2+\cdots+k_{n-r}\boldsymbol{\xi}_{n-r})$$

从而

$$\boldsymbol{A\eta}=0$$

这与 $\boldsymbol{\eta}$ 是 $\boldsymbol{AX}=\boldsymbol{b}$ 的一个解矛盾，所以 $k=0$。

由前式，得

$$k_1\boldsymbol{\xi}_1+k_2\boldsymbol{\xi}_2+\cdots+k_{n-r}\boldsymbol{\xi}_{n-r}=0$$

由于 $\boldsymbol{\xi}_1,\boldsymbol{\xi}_2,\cdots,\boldsymbol{\xi}_{n-r}$ 是线性方程组 $\boldsymbol{AX}=\boldsymbol{O}$ 的一个基础解系，于是 $\boldsymbol{\xi}_1,\boldsymbol{\xi}_2,\cdots,\boldsymbol{\xi}_{n-r}$ 线性无关，得

$$k_1=k_2=\cdots=k_{n-r}=0$$

由 $k=k_1=k_2=\cdots=k_{n-r}=0$，得向量组 $\boldsymbol{\eta},\boldsymbol{\xi}_1,\boldsymbol{\xi}_2,\cdots,\boldsymbol{\xi}_{n-r}$ 线性无关。